兵器と防衛技術シリーズⅢ ④

艦艇装備技術の最先端

防衛技術ジャーナル編集部　編

はじめに

　当協会では、平成17年（2005年）10月に「兵器と防衛技術シリーズ・全6巻（および別巻1）」を発刊したのに続き、平成28年（2016年）には「新・兵器と防衛技術シリーズ・全4巻」を刊行しました。そして令和5年1月からは新たに「兵器と防衛技術シリーズⅢ」（第1巻「航空装備技術の最先端」）をスタートしております。

　本シリーズは、月刊『防衛技術ジャーナル』誌に連載した防衛技術基礎講座を各分野ごとに分類・整理して単行本化したものです。シリーズⅠは防衛技術全般にわたって体系的・網羅的に解説したものでしたが、シリーズⅡではトピック的な技術情報なども取り入れました。そして今回のシリーズⅢでは、さらにアップグレードした最先端情報も取り入れています。

　今回の「艦艇装備技術の最先端」では、令和5年3月号～令和6年4月号に掲載された記事「最新防衛技術基礎講座－防衛装備庁艦艇装備研究所編」に加えて、令和4年4月号の記事「トピックス－UUVの試験評価体制の構築」も収録しました。

　なお、本書の発刊に当たって掲載を快くご同意くださいました下記の執筆者の皆様に厚く御礼申し上げます。

　岡部幸喜、岡本慶雄、奥野博光、奥山智尚、熊沢達也、島村敏昭、杉本晋一、永田安彦、古川嘉男、毛利隆之。

（以上50音順、敬称略）

令和7年3月

「防衛技術ジャーナル」編集部

― 艦艇装備技術の最先端 ―
目　次

はじめに

第1章　海洋戦関連の先進技術 ･･････････････････････････ 1

1．対潜戦および対機雷戦の評価技術 ････････････････････ 2

1.1　海洋戦のデジタル化 ･･･････････････････････････ 2

1.2　対潜戦評価技術の概要 ････････････････････････ 4

（1）対潜戦とは ････････････････････････････････ 4

（2）対潜戦におけるシミュレーション技術 ･････････ 5

1.3　対機雷戦評価技術の概要 ･････････････････････ 10

（1）対機雷戦とは ････････････････････････････ 10

（2）対機雷戦におけるシミュレーション技術 ･･････ 11

1.4　潜水艦コンセプト評価技術の研究試作の概要 ･･････ 12

2．海洋戦の予察技術 ･･････････････････････････････ 15

2.1　予察技術とは ･･･････････････････････････････ 15

2.2　海洋シミュレーション技術 ･･･････････････････ 16

（1）海洋環境モデル化技術 ･･････････････････････ 17

（2）海底音響測定技術 ･･････････････････････････ 18

（3）実環境データ収集・把握・配信システム技術 ･･････ 20

2.3　音波伝搬シミュレーション技術 ･･･････････････ 23

2.4　機械学習による応用例 ･･････････････････････ 26

3．海洋戦におけるソーナー技術 ････････････････････ 29

3.1　ソーナー ･･･････････････････････････････････ 29

3.2　これまでの経緯 ････････････････････････････ 30

3.3　近年の動向 ･･･････････････････････････････ 33

3.4 将来のソーナー技術 ･･････････････････････････････ 38

第2章　無人航走体関連の先進技術 ･･････････････････ 39

1. 水中無人機および水上無人機 ･･････････････････････ 40
  1.1 防衛用海洋無人機 ･･･････････････････････････ 40
  1.2 水中無人機の現状 ･･･････････････････････････ 41
  1.3 水上無人機の現状 ･･･････････････････････････ 48
  1.4 今後の海洋無人機 ･･･････････････････････････ 50
2. 無人航走体の連携技術 ･･･････････････････････････ 52
  2.1 UUVの任務 ･･･････････････････････････････ 52
  2.2 水中の通信手段 ･････････････････････････････ 53
  2.3 UUVの能力 ･･･････････････････････････････ 57
  2.4 防衛のための水中の情報収集・警戒監視 ･････････ 61
  2.5 その他の技術動向 ･･･････････････････････････ 62
  （1）風力発電と大電力伝送 ･････････････････････ 63
  （2）地震・津波観測網 ･････････････････････････ 64
  （3）AUVとUAVの連携 ･････････････････････････ 64
3. 水中無人機の試験評価技術 ･･･････････････････････ 66
  3.1 IMETS整備の概要〜UUV試験評価施設の必要性〜 ････ 67
  3.2 試験装置の概要 ･････････････････････････････ 68
  （1）「水中音響計測装置」の性能・諸元 ･･････････ 69
  （2）「HILSシステム」の概要 ･･････････････････ 70
  （3）その他の設備 ･･･････････････････････････ 72
  3.3 民生分野でのIMETSの活用 ･････････････････ 73

第3章　艦艇ステルス関連の先進技術 ･･･････････････ 75

1. 艦艇の音響ステルスおよび耐衝撃性から見た構造技術 ･･･････ 76
  1.1 音響ステルスと耐衝撃性技術 ･････････････････ 76

iii

1.2　機械雑音の低減と予測‥‥‥‥‥‥‥‥‥‥‥‥‥‥77

　　1.3　機械雑音の評価‥‥‥‥‥‥‥‥‥‥‥‥‥‥‥‥‥79

　　1.4　水中爆発による衝撃‥‥‥‥‥‥‥‥‥‥‥‥‥‥‥82

　　1.5　機器の耐衝撃性評価‥‥‥‥‥‥‥‥‥‥‥‥‥‥‥84

　2.　艦艇と魚雷の動力推進技術‥‥‥‥‥‥‥‥‥‥‥‥‥‥86

　　2.1　艦艇等の動力推進技術‥‥‥‥‥‥‥‥‥‥‥‥‥‥86

　　2.2　動力推進技術の現状‥‥‥‥‥‥‥‥‥‥‥‥‥‥‥86

　　（1）水上艦‥‥‥‥‥‥‥‥‥‥‥‥‥‥‥‥‥‥‥‥86

　　（2）潜水艦‥‥‥‥‥‥‥‥‥‥‥‥‥‥‥‥‥‥‥‥88

　　（3）無人水中航走体‥‥‥‥‥‥‥‥‥‥‥‥‥‥‥‥89

　　（4）魚雷‥‥‥‥‥‥‥‥‥‥‥‥‥‥‥‥‥‥‥‥‥90

　　2.3　動力推進技術に関連する取り組み‥‥‥‥‥‥‥‥‥93

　3.　艦艇の流体技術‥‥‥‥‥‥‥‥‥‥‥‥‥‥‥‥‥‥‥96

　　3.1　艦艇流体技術とは‥‥‥‥‥‥‥‥‥‥‥‥‥‥‥‥96

　　3.2　艦艇装備研究所における研究動向‥‥‥‥‥‥‥‥‥96

　　（1）水中航走体周りの流れに関するCFD適用例‥‥‥‥‥97

　　（2）粒子画像流速計(PIV)を用いた水中航走体周りの流れ計測‥‥100

　　（3）水中モーションキャプチャを用いた水中航走体の運動計測‥‥102

　　3.3　今後の展望‥‥‥‥‥‥‥‥‥‥‥‥‥‥‥‥‥‥104

第4章　水中磁気探知関連の先進技術‥‥‥‥‥‥‥‥‥105

　1.　水中磁気探知と磁気センサ‥‥‥‥‥‥‥‥‥‥‥‥‥106

　　1.1　磁気探知と音響探知‥‥‥‥‥‥‥‥‥‥‥‥‥‥106

　　1.2　地磁気‥‥‥‥‥‥‥‥‥‥‥‥‥‥‥‥‥‥‥‥107

　　（1）地磁気の発生源‥‥‥‥‥‥‥‥‥‥‥‥‥‥‥‥107

　　（2）地磁気の大きさ‥‥‥‥‥‥‥‥‥‥‥‥‥‥‥‥108

　　（3）地磁気は揺れる‥‥‥‥‥‥‥‥‥‥‥‥‥‥‥‥109

　　1.3　水中磁気探知技術‥‥‥‥‥‥‥‥‥‥‥‥‥‥‥111

（1）背景磁気補償技術 ····································· 112

（2）動揺磁気補正技術 ····································· 114

（3）アクティブ磁気技術 ··································· 114

1.4　磁気センサ ··· 115

（1）SQUID ··· 115

（2）TMRセンサ ··· 116

（3）ダイヤモンドNV ····································· 118

（4）防衛用途に使う磁気センサにとって大切なこと ······· 118

1.5　機雷と磁気センサの相性 ······························ 120

参考文献 ··· 122

Chapter 1

第1章

海洋戦関連の先進技術

1. 対潜戦および対機雷戦の評価技術

1.1 海洋戦のデジタル化

　四方を海に囲まれたわが国は、広大な排他的経済水域を有し、諸外国との海上貿易と海洋資源の開発を通じて経済発展を遂げ、法の支配に基づく自由で開かれた海洋秩序の維持・発展を追求してきた海洋国家である。近年では、他国による海洋進出が拡大・活発化しており、わが国ではMDA（Maritime Domain Awareness：海洋状況把握）能力強化の方針が第3期海洋基本計画（平成30年5月、閣議決定）で示されている[1-1]。また特に、海中領域に焦点を当てた、UDA（Underwater/Undersea Domain Awareness：海中状況把握）といった概念も存在しており[1-2]、潜水艦等の脅威が存在する海中の状況をいち早く認識し、脅威を探知、対処するための常続的かつ広域的な監視能力の向上が求められている。

　自衛隊が海洋において使用する装備品等の研究および試験評価を担う艦艇装備研究所においても、最近の海洋を取巻く厳しい安全保障環境へ対応し、効率的な研究開発を推進するために平成31年4月、海洋戦技術研究部、水中対処技術研究部および艦艇・ステルス技術研究部へ組織改編を実施した。海洋戦技術研究部対潜戦評価基盤研究室は、本改編に併せて新設された研究室であり、その主な所掌事務としては、

　ア　対潜戦および対機雷戦のシミュレーション

　イ　船舶および船舶用機器並びに水中武器、音響器材、磁気器材および掃海器材の対潜戦および対機雷戦における能力評価

　ウ　アおよびイに関連する器材

である[1-3]。対潜戦評価基盤研究室は、海上自衛隊が使用する装備品等の研究開発の効率化を目指しており、「海洋戦のデジタル化」によりコンピュータ上

海洋戦関連の先進技術

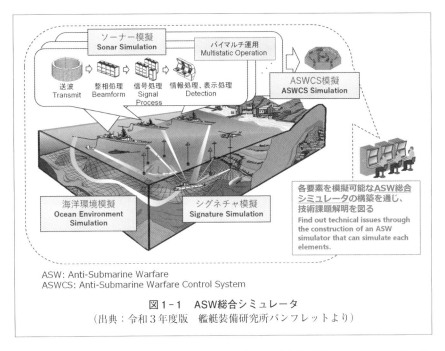

図1-1　ASW総合シミュレータ
（出典：令和3年度版　艦艇装備研究所パンフレットより）

で艦艇等の運用および海洋環境を模擬し、海上自衛隊が使用する装備品等の能力向上を実現するためのデジタル技術とそれらを活用したシミュレーションに関する研究等に取り組んでいる。

本項では、デジタル空間上における対潜戦評価技術および対機雷戦評価技術について整理する。最後に、艦艇装備研究所では、「海洋の可視化とデジタルモデル活用」を大きな柱の一つとして取組んでおり、将来的には、精緻化された予察アルゴリズム等を組み込んだASW（Anti-Submarine Warfare：対潜戦）総合シミュレータ（**図1-1**[1-4]）を構築し、各種戦況に対する尤度の高い戦術案の導出や実データの活用等から、より現実に近い各種海洋環境の模擬等をすることを目指している。現在、その構築に向けた一環として、将来の潜水艦に求められる能力向上を効率的に実現するための「潜水艦コンセプト評価技術の研究試作」を実施していることから本研究試作の概要について述べる。

1.2 対潜戦評価技術の概要

(1) 対潜戦とは

　対潜戦[1-5], [1-6]は、20世紀の戦争のなかで潜水艦が実戦力化し、水中が戦闘の場となったことにより海軍戦術の一分野として確立されたものであり、海中に潜む彼潜水艦に対して音響情報等を通じて捜索から撃破するまでの一連の作戦であり、海上および海中に限らず、固定翼哨戒機および回転翼哨戒機が展開する空中を含むすべての領域を対象としている（図1-2[1-4]）。対潜戦において最も注目すべき能力は、捜索・探知・識別等を実施するための能力[1-7]であり、艦艇等に搭載されているソーナー（SONAR：SOund Navigation And Ranging：水中音波を用いて海中の物体に関する情報を得るための技術または装置）等の能力向上に対する取組みが進められている。

　対潜戦をデジタル化する上で重要となるのがソーナー等のセンサシステムの「探知能力」のモデル化であり、海中雑音および探知対象の音源からの水中音波等の受信並びに信号処理等を計算機上で数値的に模擬することが必要である。一方、対潜戦（潜水艦の捜索に関する問題解決）から端を発したOR（Operations Research：オペレーションズ・リサーチ）においては、特に確率論を基にして、センサシステムの制御要因やノイズ等を排除した数理モデル化がなされている[1-8]。

　現在、海中で潜航している潜水艦を探知するシステムとしては、海中では電波や光波は減衰が大きく透過しにくい物理的性質を持つため、主として、音響器材および磁気器材がある。音響器材については音源が音波を発し、目標潜水艦の反響音を受信して位置を特定するアクティブソーナーおよび目標潜水艦が発生させる雑音を受信して位置を特定するパッシブソーナーが存在する。また磁気器材については、潜水艦等の磁性体により生じる地磁気の変化を探知するためのMAD（Magnetic Anomaly Detector：航空用磁気探知機）が存在する。MADについては固定翼哨戒機等に装備されており、対潜戦においてはあらか

海洋戦関連の先進技術

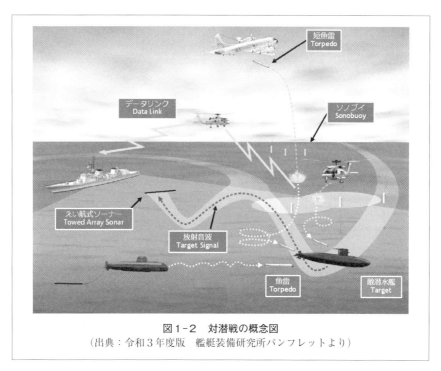

図1-2　対潜戦の概念図
(出典：令和3年度版　艦艇装備研究所パンフレットより)

じめOR計算による分析を踏まえた上で、多様な複数のセンサを有効的に組み合わせることにより作戦が実施されている。

(2) 対潜戦におけるシミュレーション技術

「シミュレーション」という語句については幅広い概念を含んでおり、防衛分野のシミュレーションは、部隊における作戦・運用を分析するためのシミュレーション（ウォーゲーム）、実際の装備品や模擬装置を用いた教育・訓練のためのシミュレーション（教育・訓練用シミュレータ）等多岐にわたる。本項では、研究開発する装備品等を対潜戦で使用する上で、装備品等の性能向上がどの程度見込まれているのかといった「性能予測」や、予測した性能によって運用上の効果がどの程度見込まれるのかといった「運用上の能力評価」を実施するためのシミュレーションに焦点を当てて説明する。

艦艇装備技術の最先端

　個別の装備品等の設計段階においては、前項で説明したOR計算を用いることで、個々のソーナーや魚雷等のシステム性能が見積られる。また個別の装備品等の設計が具体的に進捗することに伴って、FEM（Finite Element Method：有限要素法）やSEA（Statistical Energy Analysis：統計的エネルギー解析）等を用いた構造・振動・音響解析や、CFD（Computational Fluid Dynamics：計算流体力学）を用いた流体力学的特性の解析等を実施することで、詳細な性能見積りが実施されている。一方、対潜戦という大規模なシミュレーションでは、装備品等の対潜戦能力を見積もるために、戦闘場面において目標からの信号が海中を通じて自艦のソーナー等のセンサに入力され、入力情報から戦術等に対する判断を実施するという一連のプロセスを模擬することが求められる。そのため、対潜戦に係るシミュレーションに必要となる技術として、海洋音響環境モデル化技術、ビークルモデル化技術、シグネチャモデル化技術、センサモデル化技術、攻撃・防御武器モデル化技術、戦闘指揮モデル化技術および大規模データ処理・シミュレーション検証技術が挙げられる。それぞれの概要は次のとおりである。

（ア）海洋音響環境モデル化技術

　　対潜戦の基礎となる音波伝搬シミュレーションは現在、波動論および音線理論に基づくモデルによる計算が行われている。ここで、海中の音波伝搬は水温、塩分濃度、潮流および波高等の海洋環境の要素に左右され、これらの要素は空間分布が時間変化する動的データである。従って、シミュレーションにおいては、これら各種の動的データを4次元（3次元空間＋時間）モデル化した際の模擬精度を実環境と比較検証することが重要である。また近年、重要性が増している沿岸域にいては、海面および海底での多重反射および散乱の影響を強く受けるため、静的データである海底の音響特性および地形についても実環境のデータベースを拡充し、モデルの模擬精度を比較検証することが重要となる。

（イ）ビークルモデル化技術

　　対潜戦に登場するビークルは潜水艦から水上艦および航空機まで多岐にわ

たる。特に、水中航走体および水上艦艇の場合には、潮流等の影響を加味したものとなり、その操縦性および推進性能等を計算するための高度なモデル化技術が必要となる。ビークルの単純な操縦性を表現するのであれば、質点モデルを用いた3次元運動方程式でビークルの操縦性を表現する場合もあるが、最近ではCFDの活用によりビークル周囲の流れ場も考慮した操縦性も求めることができるようになっている。更に、次に示す水中のシグネチャを表現するためには、構造および流体関連技術だけなく、流体構造連成解析技術も重要になりつつあるが、計算コストが莫大となるためモデルの精緻度を適切に選択する必要がある。

（ウ）シグネチャモデル化技術

　シグネチャとは、艦艇等から周囲環境に放射される音響等の信号のことであり、対潜戦におけるシグネチャには、主として音響シグネチャおよび磁気シグネチャがある。これらシグネチャを予測するためにFEMおよびBEM（Boundary Element Method）等を用いたモデル化を行っているが、艦艇は商船に比較して搭載品が多く配管等を含めると複雑であるため、実艦を用いたデータの取得によりモデルとの比較検証することが重要である。

（エ）センサモデル化技術

　音響センサおよび磁気センサが目標からの信号を検出するシステムのモデル化技術である。ソーナーシステム等に組込まれているセンサの各構成品の機能をブロック化して計算フローを整理し、海中雑音および探知対象の音源からの水中音波等の受信信号の処理等を計算機上で数値的に模擬することにより、センサ特性の予測が可能となる。

（オ）攻撃・防御システムモデル化技術

　対潜戦における主要な武器は魚雷（水上艦であれば短魚雷および潜水艦であれば長魚雷）である。魚雷システムおよび魚雷に対処するためのシステム（例えば、魚雷防御装置）のモデル化では、魚雷等の運動を模擬するためのビークルモデル化技術、魚雷等から水中放射雑音を模擬するためのシグネチャモデル化技術および送受波器アレイ等を模擬するためのセンサモデル化技術を

適用することにより対潜戦における彼我の攻撃とその対処に関する予測が可能となる。

（カ）戦闘指揮モデル化技術

対潜戦における戦術判断および意思決定に関するモデル化技術である。従来のシミュレーションにおいては「目標がAという行動をとった場合にはこちらはBという動作をする」というような"IF-Then"によるルールベースでモデル化がなされているが、近年のAI技術の発展により交通・監視・指揮管制等の複雑系のシミュレーションにおいて個々の登場人物もしくはビークルが自らの状況を認識し、それに基づき判断・行動するような「マルチエージェント」技術の活用が進んでいる[1-9], [1-10]。それらを取り入れることで、より実際のオペレータが指揮する環境に近いシミュレーションが可能になると考える。

（キ）大規模データ処理・シミュレーション検証技術

シミュレーションを高精度および高信頼性のあるものにするためには、いかに現実の海洋環境や物理現象の再現がなされているかに依るところが大きい。そのため、実環境で取得した大規模データを分析してシミュレーションと突合することでパラメータ等のチューニングを実施する必要がある。

以上のように対潜戦評価に必要な技術は、多種多様なモデルが互いに影響を及ぼし合うことによる動的な状況の変化を捉え、研究開発を目指す装備品等の性能を入力した際にどのように変化するかを確認するシステムに他ならない（図1-3）。

対潜戦をコンピュータ上でシミュレーションする技術は、物理的なモデルのみならず、数理的なモデルを複合させてシミュレーションを動作させるため、広帯域の艦艇シグネチャ、音響信号等の実時間処理、大規模データの記憶および高速読み書きを行うためのハードウェアに関する計算機工学並びに計算用アプリケーションを構築するためのソフトウェア工学等の多様な分野にまたがる学際的な技術である。また、それぞれのモデルについて、シミュレーションの実施に必要な時間間隔やモデルのフィデリティ（Fidelity：実現象の段階的

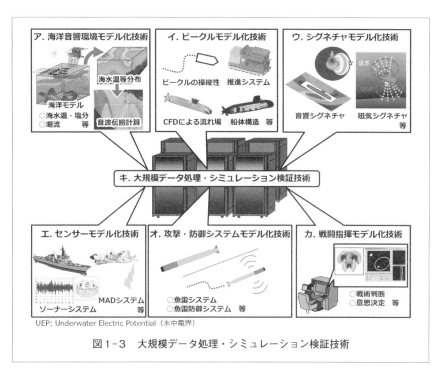

図1-3　大規模データ処理・シミュレーション検証技術

表現度、忠実度もしくは詳細度）が異なる場合が多いため、それらの整合性が取れない場合には不具合が生じてしまうのでモデル間の整合性を取る必要がある。もしくは、異なるフィデリティにおいても動作するシミュレーション環境を構築する必要がある。それらのシミュレーション環境により装備システムや各ビークル（艦艇および航空機等）における対潜戦における有効性の度合い、または任務達成への貢献の度合いを定量的に示すことにより対潜戦評価が実施可能と考える。

　諸外国の動向に目を向けると、対潜戦に係るシミュレーション技術は多様な研究がなされており、商用化され各国海軍に納入されているソフトウェアもある。オランダのTNO（オランダ応用科学研究機構）はオランダ海軍と協力し、UWT（Underwater Warfare Testbed）を開発[1-11]しており、英国のQinetiQ社は英国海軍と協力して水中戦シミュレーションツールODINを開発[1-12]した

（2009年に英Atlas Elektronik UK社に事業譲渡）。各国ともシミュレーションによる対潜戦における各種装備品等の性能見積および研究開発を進めている。

　また試験評価の観点から、実環境を計算機上で再現することにより実海域で実施している装備品等の試験評価の補完が期待される。装備品等の総合的な性能評価環境の構築により、シミュレーション結果と実海域での取得データの比較、あるいはシミュレーション試験と実海域試験の連携による、継続的な検証作業と高品質のデータ蓄積により、高機能・高性能なシミュレーション技術の確立が加速されると考える。

1.3　対機雷戦評価技術の概要

⑴　対機雷戦とは

　機雷は、水中武器としては地味な存在であるが、第2次世界大戦以前から使用され、歴史上しばしば重要な役割を果たしてきた。例えば、現代においては、湾岸戦争でペルシャ湾に機雷が敷設され、石油輸入国に大きな影響を及ぼした。またロシアによるウクライナ侵略では、黒海に機雷が敷設されたことに伴い、黒海沿岸の穀物等輸出に影響を及ぼしている[1-13]。機雷は、発火方式で分類すると、「管制機雷」と「独立機雷」に分類され、「独立機雷」は、艦艇の接触により作動する「触発機雷」と目標艦艇のシグネチャ（艦艇による地磁気の変化、艦艇が放射する音響情報および艦艇が航行することによる水圧の変化等）を検出して作動する「感応機雷」に分類され、検出するシグネチャによって細かく分類されている[1-14]。また機雷はその存在可能性のみで艦艇の行動を妨害することが可能であり、心理的要素および情報的要素の強い武器である。機雷の敷設等の作戦行動については機雷戦（MIW：MIne Warfare）と呼ばれている。

　対機雷戦は、機雷を排除するため実施される作戦行動である。対機雷戦とは、MCM（Mine Counter Measures）とも呼ばれ、主に「機雷掃海（Mine sweeping)」と「機雷掃討（Mine hunting)」に大別される。「機雷掃海」は一定海域に敷設された機雷に対し、掃海具と呼ばれる器材で処分することをいい、

海洋戦関連の先進技術

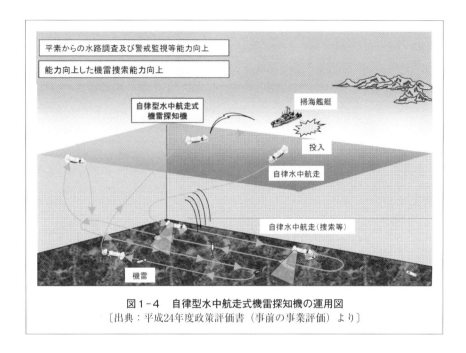

図1-4　自律型水中航走式機雷探知機の運用図
〔出典：平成24年度政策評価書（事前の事業評価）より〕

「機雷掃討」とは、敷設された機雷を探知し、これを個々に殉爆処分または無能化（破壊、係維索切断など）することである[1-14]。

対機雷戦においても対潜戦と同様にソーナーが主に使用されており、小型の機雷を探知するためには、高周波の帯域を用いて分解能を高める必要があるが、周波数が高くなるに従って、水中での減衰量も大きくなる。また海底に埋没した機雷を捜索するためには低い周波数が有効であることから、高周波のみならず、低い周波数も用いた合成開口ソーナーを搭載した機雷探知機の開発が防衛装備庁で進められ、平成29年度に小型UUV（Unmanned Underwater Vehicle）であるOZZ-5として装備化されている（図1-4 [1-15]）。

(2) 対機雷戦におけるシミュレーション技術

対機雷戦でのシミュレーション技術としては、対潜戦シミュレーション技術と基本的には共通である。対機雷戦に係るUUV等のシミュレーションにおい

ても、速力、電力およびセンサ等の特性を模擬したUUVモデル、目標とする機雷モデル並びに潮流等の情報をもとにシミュレーションを実施することでUUV等に搭載する機器の捜索効率および捜索速度等に関する検討が可能となる。

米国では、米海軍海上戦センター（NSWC PCD：The Naval Surface Warfare Center, Panama City Division）において、RMSSEA（The Rapid Mine Simulation System Enterprise Architecture）が開発[1-16]されている。艦艇、潜水艦、機雷および魚雷、各種掃海機器、それぞれの音響シグネチャモデルおよびセンサ等のモデル化が可能となっている。また無人機等の意思決定モデルやダメージモデルも組み込まれており、艦艇の残存性（Survivability）および機雷掃海の効果のシミュレーションが可能となっている。ここで、艦艇の残存性とは、与えられた戦闘任務を達成するために艦艇、搭載機器および乗員の被害を防止するためのものであり、彼艦艇等に搭載された各種センサからの発見を困難にするための被探知防止性（Susceptibility）、水中爆発等による被害に耐えて、与えられた戦闘任務を継続するための脆弱性（Vulnerability）および水中爆発等による初期被害後、被害内容の把握や被害拡大の防止等をするための修復性（Recoverability）の三つの性能から構成[1-17]される。

1.4　潜水艦コンセプト評価技術の研究試作の概要

対潜戦評価基盤研究室では、わが国の防衛にとって戦略的に重要となる将来の潜水艦に求められる能力向上を効率的に実現するため、潜水艦のバーチャルモデルを構築し、様々な運用環境下において潜水艦全体の能力評価を行うためのモデルベースの研究開発手法を確立することを目的として図1-5[1-18]に示した「潜水艦コンセプト評価技術の研究試作」を令和2年度から5年度まで実施している。ここで、モデルベース研究開発とは、自動車の設計開発で主に採用されている研究開発プロセスであり、実物の試作品ではなく、コンピュータ上で再現した「モデル」を活用することにより、試作品およびその性能確認の

海洋戦関連の先進技術

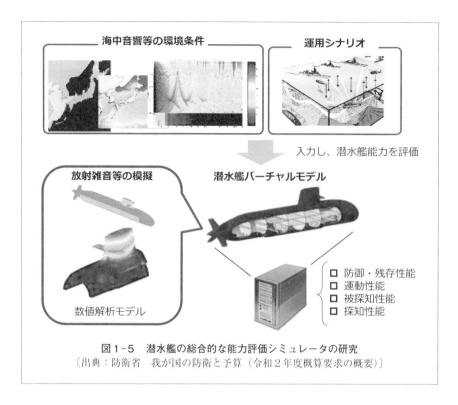

図1-5　潜水艦の総合的な能力評価シミュレータの研究
〔出典：防衛省　我が国の防衛と予算（令和2年度概算要求の概要）〕

ための試験に必要となる時間およびコストを削減することを目指したものである。

　本事業においては、「対潜戦におけるシミュレーション技術」の中でも「海洋音響環境モデル化技術」「シグネチャモデル化技術」および「センサモデル化技術」に注力して取り組んでおり、海中音響等の環境条件のモデル化や我潜水艦の放射雑音等をモデル化した潜水艦バーチャルモデル等を作成し、評価シナリオを設定した上で、潜水艦バーチャルモデルの能力評価を実施するものである。

　本項では、対潜戦評価基盤研究室の紹介として、対潜戦評価技術および対機雷戦技術について概説した。主としてシミュレーション技術を説明したが、非

常に多岐にわたる技術が内包されていることが分かると思う。現在の研究開発
においては、分野によっては個別のシミュレータにより進められているものも
あるが、他分野を横断した統合環境によるシミュレーション技術を構築し、試
験データを蓄積していくことにより、高機能・高性能なシミュレータによる評
価技術を確立することを目指している。これらの取組みにより、艦艇装備研究
所が掲げる「海洋の可視化とデジタルモデル活用」の実現を図ると共に、効率
的に装備品等の創製を図っていく所存である。

(杉本　晋一)

海洋戦関連の先進技術

2. 海洋戦の予察技術

2.1 予察技術とは

　対潜戦において目標探知の要となるソーナーについて、これまで「防衛技術ジャーナル」誌では前々シリーズの「防衛技術基礎講座　艦艇探知技術」第1講[1-19] においてソーナーの送受波器全般についての概要を、また前シリーズの「新・防衛技術基礎講座−防衛装備庁　艦艇装備研究所編」第6講[1-20] において光ファイバ受波器に関する防衛装備庁艦艇装備研究所での研究経緯および変遷を、第7講[1-21] においてソーナー信号処理技術の基礎を解説している。以上は艦艇が装備する各種ソーナーのハードウェアとソフトウェアにあたるものだが、海洋の音波伝搬は季節や海域による変動が大きく、これに伴いソーナーの探知可能領域も大きく変動する。従って海洋環境条件および戦術的な条件に最も適した方法でソーナーを運用し効果的な戦術を組立てるには、運用現場における各ソーナーの探知可能領域および各艦艇等の被探知可能領域を把握することが必要である。この探知および被探知可能領域の見積りを行うのが本項で解説する「予察技術」である。

　予察においてはまず目標自身が発する音、あるいはアクティブソーナーのエコーが海中を伝搬しソーナーに受信されるまでどれだけ減衰するか(伝搬損失)が計算される。この伝搬損失、音源レベル、海中雑音、残響レベル、受波アレイの配列利得、検出閾値といったパラメータから、ソーナー方程式に基づき目標の探知確率の空間分布が得られる。ソーナー方程式に関してここでは省略するため、前シリーズ第7講[1-21] を参照されたい。予察の基礎となる伝搬損失の計算ではソーナー周囲の海中を音波がどの様に伝搬するかのシミュレーションが実施されるが、その入力データとして海中の環境がどうなっているのかの海洋シミュレーションを事前に実行する必要がある。そこで、ここでは海洋シ

15

ミュレーション技術と音波伝搬シミュレーション技術の二段構えで解説を行うこととする。

2.2　海洋シミュレーション技術

　光や電波が大きく減衰する水中において、遠距離の潜水艦を探知するには現在でも音波に頼らざるを得ない。水中の音速は水温、塩分および水圧によって変化し（**表1-1**）、音速の遅い方に曲がって音波は進む性質がある。外洋の大半を占める深海域において一

表1-1　水中の音速を決める主な要素

水温	高いほど音速大。表層では海流や季節の影響を受けて変動し、約200〜1,200mでは深くなるにつれ低下するが1,200m以深ではほぼ一定。
塩分	濃いほど音速大。概ね34〜35‰（日本近海）で一定だが、表層では降雨や河川の影響によって変動。
水圧	高いほど音速大。深度に比例して増加。

般的に音速は**図1-6(a)**に示す深度分布を取り、従って深度100m付近に潜水艦がいると仮定すると、潜水艦が発する音波はいったん深海に下降した後に上昇に転じ、距離50km以上の領域で再度表層に現れる（**図1-6(b)**）。潜水艦を環状に囲むこの領域を「収束帯（CZ：Convergence Zone）」と呼び[1-22]、これを利用して水上艦が潜水艦を遠距離から探知することは広く知られている。ただしこれは概論であり、実際の収束帯がどう形成されるかは、海域や時期に応じて変化する表層の水温分布によって大きく異なる。

　また表層付近では、数時間の気象変化（冬の海上風による攪拌等）により水温が一様な混合層が発生する場合がある。混合層では水圧の影響により深いほど音速が大きくなり（**図1-7(a)**）、その下端深度である「層深（LD：Layer Depth）」を境界として音速分布が逆転する[1-22]。層深の上下では音波伝搬状況が大きく異なり、潜水艦およびソーナーがそれぞれ層深の上下どちらにあるかによって探知距離が大きく変化する（**図1-7(b)**）。また音波の海面反射は波の高さの影響を、海底反射は地形および底質の影響を受け、大陸棚が広がる最大深度200m程度の浅海域においては音波が海面・海底反射を繰り返すため、地形および底質の違いが音波伝搬に及ぼす影響は極めて大きい。

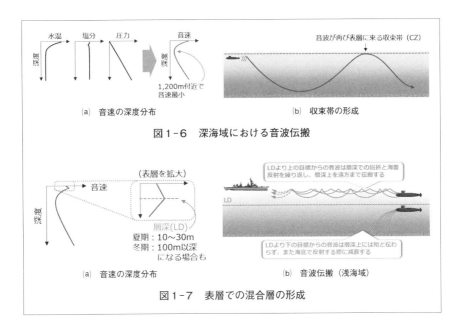

図1-6 深海域における音波伝搬

図1-7 表層での混合層の形成

このような海洋環境のシミュレーションの要素技術としては、(1)海洋環境モデル化技術、(2)海底音響測定技術、および(3)実環境データ収集・把握・配信システム技術が挙げられる。順に以下で概要を述べる。

(1) 海洋環境モデル化技術

海洋環境モデル化技術は、海中環境の3次元空間的および時間的分布を正確にモデル化し、音波伝搬計算に反映させる技術である。音波伝搬に対し重要な海中環境の要素としては海水温、塩分および潮流等が挙げられる。海洋環境モデルには様々な座標系[1-23]が用いられており、それぞれ海洋現象の表現能力に特徴を持つ。各座標系のイメージを図1-8に、特徴を表1-2に示す。各座標系の欠点をカバーし利点を生かすために複数の座標系を組み合わせたハイブリッド座標は、どの環境でも高い再現性を保つが計算量の増加が問題となる。国内で開発された国内の海洋環境モデルの例[1-23]〜[1-25]を表1-3に挙げる。

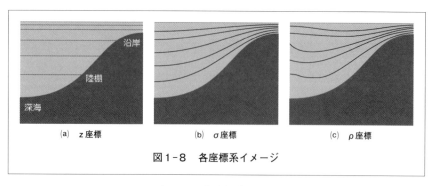

図1-8　各座標系イメージ

表1-2　各座標系の特徴

座標系	z座標	σ座標	ρ座標
概要	一定水深で鉛直分割	同じ層数で海面から海底までをスケーリングして鉛直分割	等ポテンシャル密度で鉛直分割
利点	汎用性が高く結果の描画も容易	沿岸の再現性が良い	理論とモデルの対応が良い 水塊の維持・形成に優れている
欠点	沿岸の再現性が悪い 等密度線が水平面を横切る場合、水塊の性質が変化しやすい	急峻な海底地形での圧力水平勾配に問題あり 大洋を対象とした大循環モデルには不向き	各層の密度を予め決めているため、年ごとの代表的な水塊密度が異なると不向き

表1-3　国内で開発された国内の海洋環境モデル例

名称	開発元	座標系	開発目的（当初）
MRI.COM	気象庁 気象研究所	z^*座標 （z座標の改良版）	大スケールの海洋現象に関する研究
JCOPE	海洋研究開発機構	σ座標	太平洋側の黒潮流路の再現性向上
RIAMOM	九州大学 応用力学研究所	z座標	日本海の再現性向上

(2) 海底音響測定技術

　海底音響測定技術は、海底の音響特性（反射・吸収および散乱）を測定する技術である。近年、沿岸域での水中戦（対潜戦のみならず機雷戦・対機雷戦も含む）の重要性が増しているが、沿岸域における音波伝搬は海面および海底での多重反射および散乱の影響を強く受けるため、海底の音響特性を精度良く測定することが予察精度向上に大きな影響を与える。ここで注意すべき点は、海洋は広大であり、測定においては精度と共に効率も重要な要素となることであ

る。海底の音響特性測定法は大きく二つに分けられる。一つは海底堆積層の物理特性を直接測定する方法であり、底質サンプルを採取し地上で物理特性を測定する、あるいは堆積層中にセンサを挿入し音速および減衰等を測定するといった方法が挙げられる。もう一つは海中または海底に音源（あるいは振動源）と受信センサを配置し、海中の音場や海底面の振動場を測定し、測定された音場および振動場を形成するような海底堆積層の音響特性について逆問題を解くことにより推定する方法（インバージョン）である。具体的な手法としては、音源が定められた水平な直線（測線）を移動しながら複数の狭帯域連続波を送信し、測線の端の海底に係留した1式の鉛直受波器アレイで受信した後に、送受信間距離に応じた受信データの変動を解析する連続波法[1-26]がある。これは高精度に海底の音響特性を推定できるが、測定に時間を要するという問題がある。

別の手法として、音源を測線の端点で固定し広帯域のパルス波を送信し、もう一方の端点で固定した受波器で受信した後に、受信データの時間－周波数特性から各伝搬モードを分離し、各モードの群速度周波数特性から海底の音響特性を推定するパルス法がある。パルス法は測定が短時間で済むものの各伝搬モードの分離が困難という欠点があったが、伝搬距離に応じて時間軸を伸縮させるタイムワープ変調技術[1-27]が開発され、各伝搬モードを正確に分離できるようになった。水深100mの浅海域（海底は剛体）で伝搬するパルスの受信波

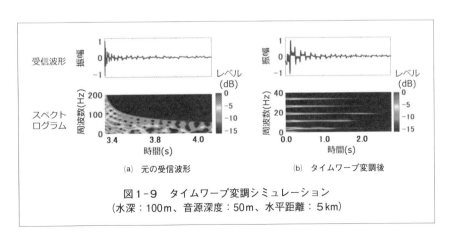

図1-9　タイムワープ変調シミュレーション
（水深：100m、音源深度：50m、水平距離：5km）

19

形およびそのスペクトログラムのシミュレーション結果を**図1−9(a)**に、タイムワープ変調後の波形およびそのスペクトログラムを**図1−9(b)**に示す。元の波形では不明瞭だった5種の伝搬モードが、タイムワープ変調により分離できているのが見て取れる。

(3) 実環境データ収集・把握・配信システム技術

　実環境データ収集・把握・配信システム技術とは、海洋環境の観測データを収集した後、得られた観測データを加工し海洋環境モデルに同化させ（「同化とは何か」については後述する）、現況および今後の予報を含めた海洋環境を把握し、それらの環境データを必要とするユーザーへ配信するシステム技術である。海洋環境の観測データにおいて、前述の海底の音響特性や地形といったデータは静的なものであるが、海洋環境には水温・塩分・風・波浪・海流といった動的なデータもある。この動的データは場所と日時により大きく変化するため、広範囲にわたり常続的に観測する必要がある。海洋環境の観測手段として20世紀後半から利用が始まった観測衛星は、地上および艦船上からでは測定が困難な海上の広大な範囲を宇宙から長期間観測できるという大きな利点を持ち、技術の向上に従い得られるデータは量・質ともに年々向上している。その一方、衛星観測で得られるのは表層付近のデータに限られる、また測定可能な場所・時間が衛星軌道の制限を受けるといった根本的な問題を抱えており、表層付近のデータから深度方向の構造をどう推定するかは重要な研究課題である[1-28]。

　海中に目を向けると、漂流しつつ海面から深海まで自動的に浮き沈みを繰り返し、その間の水温・塩分等の環境データを観測できる機器（アルゴフロート）を展開し、地球全体の海洋環境をリアルタイムで捉える国際プロジェクト「アルゴ（Argo）計画」が現在進行中である[1-29]。標準的なフロートは深度約1,000mで8〜10日間ほど漂流した後、深度2,000m（一部のフロートは6,000m）まで沈降してから海面まで浮上し、浮上中に観測したデータを衛星に送信する。この観測データは24時間以内に各国の気象機関等に配布され、海況予報および

その他の研究に利用される。計画当初は1年未満だったフロートの寿命も電池性能等の向上により現在では6年以上に延び、新たなフロートを補充しながら当初の目標台数3,000台を超える数が世界中で稼働している（図1-10）。

また艦船上から現場海域の環境データをリアルタイムで測定する手段として、使い捨てのセンサプローブを海中に投入するXBT（eXpendable Bathy Thermograph）やXCTD（eXpendable Conductivity Temperature Depth profiler）がある（図1-11）。XBTは水温のみの深度分布を、XCTDは水温と電気伝導度（塩分を表す）の深度分布を測定できる。

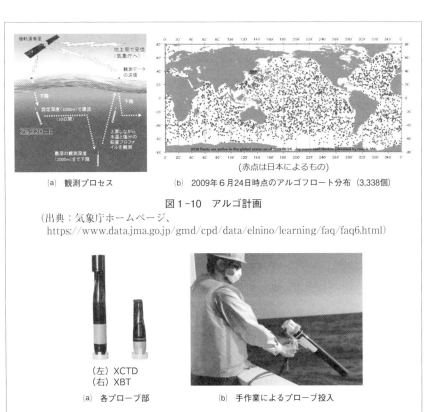

(a) 観測プロセス　　(b) 2009年6月24日時点のアルゴフロート分布（3,338個）

図1-10　アルゴ計画

（出典：気象庁ホームページ、
　　　　https://www.data.jma.go.jp/gmd/cpd/data/elnino/learning/faq/faq6.html）

(左) XCTD
(右) XBT
(a) 各プローブ部　　(b) 手作業によるプローブ投入

図1-11　XCTDおよびXBT

（出典：鶴見精機ホームページ、https://tsurumi-seiki.co.jp/product/sku-2）

艦艇装備技術の最先端

　シミュレーションの実施にあたり、こうして得られた観測データを海洋環境モデルに入力する際に必要となる処理が「データ同化（または単に同化）」である。これは海洋環境モデルが予測した計算値を実際の観測値を元に修正することを指すが、計算値を観測値にそのまま置き換えるのではないことに注意されたい。実際の観測値はモデルの中では空間的・時間的に極めて疎らにしか得られず、また観測誤差も含む。この不完全な情報を元に「このような観測値が得られるのはモデル全体の計算値分布がこうなっている場合だろう」と理論的に解析してモデル全体を修正するのが同化である。

　この同化には観測データに含まれるエラー（観測値、座標または時刻が実際と全く違う値となっている、またはそもそもデータが保存されていなかった等）を除去する処理も含まれる。また観測データを得た座標はモデル内部の格子と一致していないため補間する必要がある。従来は補間には最適内挿法やその応用である多変量最適内挿法等が一般的であったが、計算機の能力向上に伴い3次元変分法やアジョイント法も実用段階に入っている[1-30]。各種補間法の特徴を表1-4に示す。ここで3次元変分法の精度をさらに向上する手法として、「条件をわずかに変えた複数のケースを並行計算して統計値を得る（アンサンブル同化）」がある。計算量の増加が課題となるが、計算機の並列化により全体の計算時間を減らせるのがアジョイント法に対する利点である。

表1-4　同化における各種データ補間法

補間法	概　　要	利　　点	欠　　点
最適内挿法	観測要素を1種類毎に時空間補間し、計算結果を各々に強制修正	計算時間が短い	モデルの理論的な計算値は無視され、観測領域外は補間できない
多変量最適内挿法	複数の観測要素を対象として同時に時空間補間し、計算結果を強制修正	最適内挿法より高精度かつ3次元変分法より計算時間が短い	同上
3次元変分法	複数の観測要素を対象として時空間補間し、計算結果が合うようなパラメータを探索	理論的妥当性を持って、観測領域対象外も補間できる	大規模な計算資源が必要
アジョイント法	計算結果と観測値のずれを元に初期値を修正し、ずれが収束するまで反復計算	力学的バランスの時間変化をとらえた計算値が得られる	3次元変分法よりさらに大規模な計算資源が必要

海洋戦関連の先進技術

　観測データを同化した海洋環境モデルの数値計算による海況予報データは最終的にユーザーに配信されるが、民間で利用できる国内の配信元としては気象庁の「日本沿岸海況監視予測システム JPN」[1-31]、水産研究・教育機構の「新海況予測システムFRA-ROMSII」[1-32]、海洋研究開発機構（JAMSTEC）発のベンチャーであるフォーキャスト・オーシャン・プラス社[1-33]等が挙げられる。

2.3　音波伝搬シミュレーション技術

　前述のように、海洋環境モデルおよび測定データを用いて現在から（近い）未来に至る海況予報が得られ、ソーナーを使用する海域における水温・塩分・圧力分布から水中音速分布が求まる。この水中音速分布と海底の地形および音響特性を用いてこの海域における音波伝搬を計算するのが音波伝搬シミュレーション技術である。音波の波長に対し広大かつ地形が複雑な海域を扱う予察における音波伝搬計算では、波動方程式に基づき計算し易いよう近似した放物型方程式（Parabolic Equation：PE）モデル[1-34]と、伝搬を幾何光学的に扱う音線モデル[1-35]が良く用いられる。音波は周波数が低くなるほど波動的性質が、高くなるほど幾何光学的性質が強く現れるため、周波数に応じてモデルを使い分ける必要がある。PEモデルは当初、水平伝搬に近い、狭い俯仰角範囲にしか適用できないという問題があった。現在では改良が進められ、大きな俯仰角でも高い精度が得られるモデルが実用化されている[1-36]。一方、音線モデルは当初、回折等の影響を表現できない等の問題があった。しかし波動的効果を考慮に入れたガウシアンビーム法[1-37]により、それらの影響を少ない計算量である程度表現できるようになった。

　各モデルによる計算結果の違いの一例として、深海域での伝搬について示す。水深は5,000mで一定とし、水温分布は**図1-12(a)**に示すMunkのプロファイル[1-38]とする。ここで深度1,000mにある音源からの音波伝搬を音線モデルで示したのが**図1-12(b)**である。なお見易いように、俯仰角±20°の範囲の音線を40本のみ示している。黒線は海面および海底で反射する音を、赤線は海中で屈折す

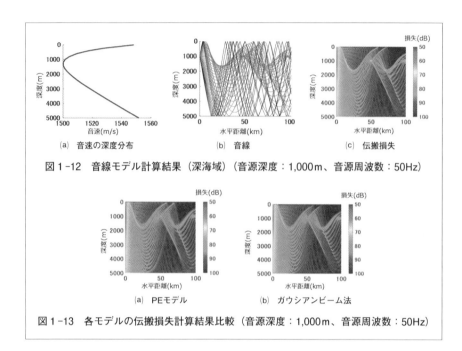

図1-12 音線モデル計算結果（深海域）（音源深度：1,000m、音源周波数：50Hz）

図1-13 各モデルの伝搬損失計算結果比較（音源深度：1,000m、音源周波数：50Hz）

るのみで反射しない音を表している。図1-12(c)は伝搬に伴う損失を計算した結果だが、水平距離50km、70kmおよび95kmのあたりで音線が集中している箇所において、PEモデルによる計算結果（図1-13(a)）よりも損失が異常に小さくなっている。この音線集中部（焦点）の誤差はガウシアンビーム法により低減されていることが図1-13(b)から見て取れる。なお本項での伝搬計算では、海底の音響特性は全て中粒砂（平均粒径0.354mm）の値[1-22]を用いた。また以後の音波伝搬は全てガウシアンビーム法による。

先の例では音速分布は音源からの水平距離に依存せず一定としたが、実際の海洋では場所により音速分布が異なり、水平距離に対する依存性がある。例として図1-14(a)に示すように音速分布が距離に応じて変化するとする。音源位置での音速分布では、深度約500mを軸とした音波が伝搬しやすいダクトが存在することが図1-14(b)から見て取れるが、距離に応じた音速分布の変化を考慮して計算するとこのダクトは消失し、この深度における伝搬損失が大きくな

海洋戦関連の先進技術

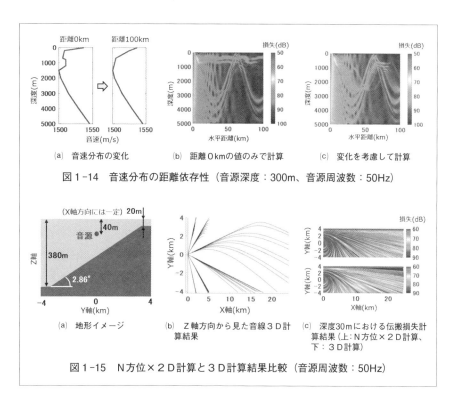

(a) 音速分布の変化
(b) 距離0kmの値のみで計算
(c) 変化を考慮して計算

図1-14　音速分布の距離依存性（音源深度：300m、音源周波数：50Hz）

(a) 地形イメージ
(b) Z軸方向から見た音線3D計算結果
(c) 深度30mにおける伝搬損失計算結果（上：N方位×2D計算、下：3D計算）

図1-15　N方位×2D計算と3D計算結果比較（音源周波数：50Hz）

ることが図1-14(c)から見て取れる。従って音速分布の変化を正確に測定しモデルに入力することが、伝搬損失（予察精度向上に直結する）の計算精度向上に必要となる。

　水深も場所によって複雑に変化するのでモデルに入力する必要があるが、傾斜がある海底に音波が斜めに入射すると、反射波の方位は入射波の方位から変化する。例として図1-15(a)に示す海底地形（X軸方向には一定とする）における、Y軸0km・深度40mに置いた音源からの音線の3次元（3D）計算結果を図1-15(b)に示す（上側ほど水深が浅い）。ここで各水平方位に対し、俯仰角-14.7°から+20°（正が下向き）にかけて9本ずつの音線を計算した。水深が浅くなる方位へ斜めに出した音線は、海面と海底での反射を繰り返すうちに深くなる方位へ曲がっていく様子が見て取れる。この音線の方位変化は、任

意の1方位における水平距離と深度のみを扱う2次元（2D）計算では扱えない。従って複数のN方位に渡り2D計算を繰り返して得た伝搬損失の水平分布（図1-15(c)上）と3D計算で得た伝搬損失分布（同図下）は異なり、その違いは図右上（音源より水深が浅く距離の離れた領域）で顕著であることが見て取れる。このように地形を考慮した音波伝搬を正確に計算するには3D計算が必要となるが、N方位×2D計算と比較して計算量が増加するのが課題である。

2.4 機械学習による応用例

ソーナーを実際の海洋環境で運用する際、その能力を十分に発揮するために必要となる予察技術について概要を解説した。海洋環境モデルおよび音波伝搬モデルは、それ自体の計算精度が高くあるべきであると同時に、それらのモデルに入力する環境データの測定値も精確かつ十分な量がないと精度の高い予察はできない。特に水温等の動的データは常に最新の値を広範な範囲にわたり測定する必要があるが、船舶や航空機によるXBTおよびXCTDプローブでは測定できる箇所と頻度に限界があり、将来の常続的海洋環境観測では無人機の活用が期待される。無人機の中でも推進に動力を用いない水中グライ

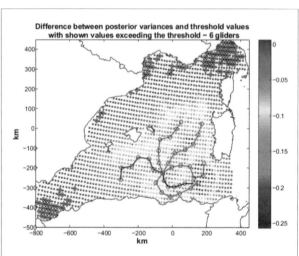

図1-16　水中グライダー6機の運用計画立案シミュレーション

〔出典：Ferri et al., Mission Planning and Decision Support for Underwater Glider Networks: A Sampling on-Demand Approach, Sensors, 16, 28, (2016).〕

ダーは長期間・長距離にわたる観測が可能だが、航路が海流に左右される複数のグライダーの効率的な運用計画立案は計算機による最適化を必要とする[1-39] (図1-16)。また動力を持つUUVにとっても、海流等の不確定かつ動的な環境からの影響、UUV自体の機動性の制限、および実環境での試験の困難さといった問題により、これまで考案された経路計画自動化アルゴリズムの多くはシミュレーションによる検討の段階に留まっており、今後も継続して研究する必要がある[1-40]。

それでも同化においては計算モデルの全格子点内の計算値の量に対し、実際に得られる測定値の量は少なく疎らであり、このギャップは簡単には埋まらない。その解決案の一つとして、海洋現象は何らかのパターンを取ることが多いため、事前にそのパターンを機械学習させておき、点状の観測値から周辺領域のパターンを推定する、あるいは「2.2 海洋シミュレーション技術」の(3)で述

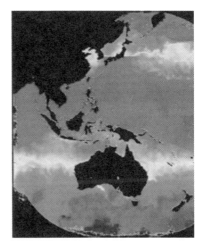

(a) 元画像　　　　　　　　(b) 復元画像

図1-17　機械学習による海面温度分布復元例
〔出典：S. Shibata et al., "Restoration of Sea Surface Temperature Satellite Images Using a Partially Occluded Training Set", 24th International Conference on Pattern Recognition, 2771-2776, (2018).〕

べたように表層付近のデータから深度方向の構造を推定するというアイデアがある。理論的な裏付けが乏しい、また正しく学習できるのかといった問題を含むものの、近年発展が著しい機械学習の応用例として検討の価値がある。機械学習を海洋環境観測に適用した研究例として、雲等でデータが欠落した部分を復元したものを図1-17に示す[1-41]。

　海況予報および予察は天気予報と同様、「どこまで実際の環境の現在および将来を精確に推定できるか」といった挑戦であり、精度の向上は続けられているものの未だ途上にある。また精度の高いモデルは計算量が大きくなるが、迅速な行動が求められる作戦中においては短時間で計算を終了させる必要があるというジレンマもある。作戦海域内の海洋環境の変化の十分な把握、いわゆる「海洋の見える化」を実現するために解決すべき課題は少なくないが、民間でも研究が盛んな無人機・AI・高性能計算（High Performance Computing：HPC）等の技術の成果も取り入れ早期実現を目指したい。

（奥山　智尚）

3. 海洋戦におけるソーナー技術

3.1 ソーナー

　ソーナーはSONAR（SOund NAvigation and Ranging）[1-42]という用語であり、一般に水中音波を利用するすべての技術のことである。防衛用途では音波を利用して潜水艦を捜索するための対潜用ソーナーや機雷を捜索するための対機雷戦用ソーナー等があり、大きく分けてパッシブソーナーとアクティブソーナーがある。パッシブソーナーは、自らは音波を出さずに捜索したい目標が放射する音波を探知するソーナーであり、アクティブソーナーは自ら音波を出して、その音波が目標に当って跳ね返ってくる音を探知するソーナーである。

　1912年にタイタニック号が氷山に衝突して沈没したことがきっかけとなり、各国が氷山を探知するための研究を推進し、1914年の第一次世界大戦以降は潜水艦探知用ソーナーの研究開発が活発に行われたことにより技術が急速に進展した。図1-18に示すように、水上艦用ソーナー（艦首ソーナー、えい航式ソーナー）、潜水艦用ソーナー（艦首ソーナー、えい航式ソーナー、側面アレイ）、

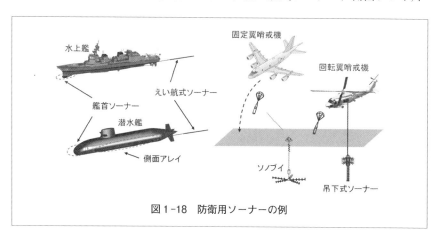

図1-18　防衛用ソーナーの例

固定翼哨戒機の各種ソノブイ、回転翼哨戒機の吊下式ソーナー等、様々なビークル用のソーナーが開発されてきた。

3.2　これまでの経緯

　平成10年頃までのソーナーの研究開発は、探知距離の延伸を目的として低周波・大出力をキーワードとして実施されてきた。特に周波数の低周波化は海中での音波の伝搬に関係している。音波は海中を伝搬するとともに音波のレベルが小さくなっていくが、その損失の要因は二つあり、拡散による損失と吸収による損失で、この二つの損失の和が伝搬損失（TL：Transmission Loss）となる。海中での音波の拡散を球面拡散とすると、拡散損失L_1[dB]は伝搬距離をr[m]とすると、

$$L_1 = 20\log(r)$$

で表される。

　一方、吸収による損失は、拡散による損失とは異なる要因で起こるもので、音波が海水中を伝搬する際、海水の圧縮と膨張を繰り返して伝搬するために、音波のエネルギーの一部が分子の粘性摩擦などによって熱に変換されることによって生じる損失である。この吸収損失をL_2[dB]とすると、

$$L_2 = \alpha r$$

で表され、こちらも距離依存性の損失になっている。ここでα[dB/m]は吸収係数と呼ばれ、図1-19に示すような周波数特性[1-43]を持っており、周波数が高いほど減衰が大きくなることが分かる。

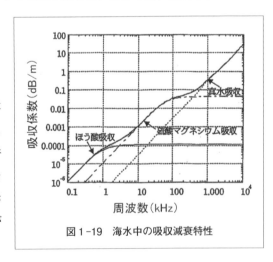

図1-19　海水中の吸収減衰特性

これら二つの要因の損失を足し合わせたものが伝搬損失TL［dB］で、
$$TL = L_1 + L_2 = 20\log(r) + \alpha r$$
となる。

図1-19で示したように、吸収損失は周波数が高いほど大きくなるため音波の遠距離伝搬が困難となる。そのため対潜用ソーナーにおいて潜水艦の遠距離探知を目的として、アクティブソーナーでは送信周波数の低周波化、パッシブソーナーでは探知対象周波数の低周波化がこれまで図られてきた。しかし、近年、潜水艦の静粛化が図られてきて放射雑音レベルが低下しており、これまでのような定常音（時間的に変動しない一定周波数の放射雑音）をパッシブソーナーで遠距離探知することが困難になりつつある。また、アクティブソーナーにおける目標探知についても、潜水艦の船体に高性能な吸音材が張られるようになってきて、目標のターゲットストレングス（TS：Target Strength）が小さくなり遠距離探知が困難になってきている。これを克服するために周波数を更に低周波化しようとすると、送受波素子自体の大型化や、送受波アレイを構成するために、低周波化した周波数の波長に合わせて送受波素子を並べてアレイ化（アレイゲインおよび方位精度を得るため）する際に、開口長が大きくなり送受波アレイが大型化し装備することが困難になるという問題がある。

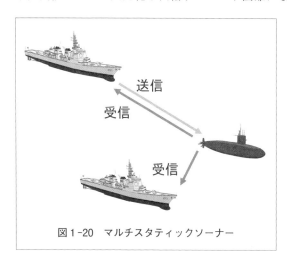

図1-20　マルチスタティックソーナー

このような中、探知機会の向上を図るために、これまでのモノスタティックソーナー（単一の送受波器で送信・受信を行うソーナー）に加えて、図1-20に示すような、送信と受信を異なる位置で行うマルチスタティックソーナーの研究が平成10年以降行われてきている。図1-20に示す

ように、モノスタティックのアクティブソーナーとして送受信を行う艦艇の他に、受信のみを行う僚艦がいるため、モノスタティックソーナーの探知領域に加えて、受信のみを行う僚艦の探知領域・機会が増える。また、モノスタティックソーナーの場合、目標潜水艦は探信音（送信信号）が到来している方位にターゲットストレングスが小さい艦尾を向けて回避運動をすれば探知される確率が小さくなるが、マルチスタティックソーナーでは受信のみを行っている艦艇が何処に存在するか分からないため、モノスタティックソーナーの時のような効果的な回避行動をとることが困難になる。また、音波が目標潜水艦に当たるアスペクトによっては、モノスタティックの時よりもターゲットストレングスが大きくなり、捜索を行う側にとってより有利な状況になる可能性もある。

　マルチスタティックソーナーの運用については、受信側がより多く存在した方が有利な点と運用の機動性の観点から、固定翼哨戒機のソノブイによるマルチスタティックソーナーの研究が旧技術研究本部第5研究所（現防衛装備庁艦艇装備研究所）において平成11年度より研究試作として実施された。ソノブイによるマルチスタティックの運用は、送信側として電気式音源やアクティブソノブイを用い、受信側としてパッシブソノブイ（水平型ソノブイやダイファー等）を用いるもので、受信側のパッシブソノブイを多数敷設することにより探知機会の向上を図ることができる。

　水上艦艇においても、図1-18に示した艦首ソーナーを用いたマルチスタティックソーナーの研究が、平成13年度より旧技術研究本部技術開発官（船舶担当）〔現防衛装備庁装備開発官（艦船装備担当）〕において研究試作として実施された。また平成24年度より、送信側として「えい航式の音源」、受信側として「えい航式ソーナー（TASS：Towed Array Sonar System）」を用いた研究試作が実施され、その後、平成28年度から可変深度ソーナーシステム（バイ／マルチスタティック用）の開発が実施され装備化された。また、回転翼哨戒機においても、吊下式ソーナー（dipping sonar）を用いたマルチスタティックソーナーの研究が平成19年度より旧技術研究本部技術開発官（航空機担当）〔現防衛装備庁装備開発官（航空装備担当）〕において研究試作として開始され、

平成27年度より開発が実施されている。

3.3 近年の動向

近年の動向として、平成28年度から令和2年度にかけて艦艇装備研究所において実施された連続波アクティブソーナー（CAS：Continuous Active Sonar）の研究について紹介する。

これまでのアクティブソーナーや先に説明したマルチスタティックソーナーでは、目標を捜索するための送信信号として図1-21に示すように一定の周期でパルス波を送信して目標捜索を行っていた。この場合、距離15km圏内の目標を捜索（捜索レンジ15km）するためには、音波が目標に当たって反射して戻ってくるまでの往復距離が最大30kmなので、音波の水中での音速を1.5km/sとすると、20秒に1回の割合でしか目標情報が得られないことになる。アクティブソーナーでは、図1-22に示すような横軸が方位、縦が距離、受信信号レベルを輝度で表示するBスコープと呼ばれる画面で目標捜索を行うが、図1-22に示すように目標からのエコーの他に、残響や雑音も目標エコーと同様に表示され、目標との区別が困難となり誤探知の原因となる。

一方、連続波アクティブソーナーでは、図1-23に示すように比較的信号長が長いLFM（Linear Frequency Modulation）と呼ばれる周波数が時間とともに線形に変化する信号を連続的

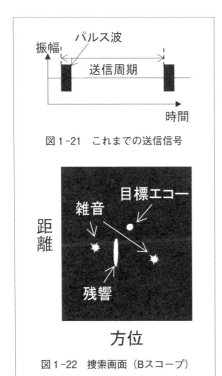

図1-21　これまでの送信信号

図1-22　捜索画面（Bスコープ）

に送信して目標捜索を行うもので、これまでの対潜戦用ソーナーにはなかった捜索方式である。この方式だと、目標を連続的に探知・表示できるため、単発的に様々な位置に表示される残響や雑音との区別が容易となり誤探知を低減することが可能となる。また、目標が連続的に表示されるので目標信号を認識しやすくなり、これまでのアクティブソーナーよりもSN比が小さい目標の検出が可能となることが期待できる。

連続波アクティブソーナーの処理について簡単に説明する。

送信部と受信部がほぼ同じ位置に存在するとき、**図1-24**に示すように信号長T[s]、周波数帯域幅F[Hz]の信号を送信した際に、Δt秒後に目標からのエコーが受信されたとする。この時の送信信号と目標エコーの差周波数Δf[Hz]を図1-24に示すように計測すると、次式から目標との距離R[m]を求めることができる。

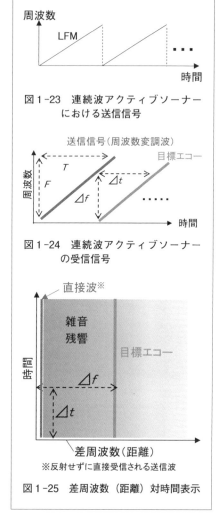

図1-23 連続波アクティブソーナーにおける送信信号

図1-24 連続波アクティブソーナーの受信信号

図1-25 差周波数（距離）対時間表示
※反射せずに直接受信される送信波

$$R = \frac{c\Delta t}{2} = \frac{cT\Delta f}{2F}$$

c[m/s]：水中での音速

このようにして求めた差周波数（距離）を横軸、時間を縦軸、目標エコーのレベルを濃淡で表示すると**図1-25**のようになる。図1-25を見ると分かるよ

うに、目標エコーが連続的に表示されるので認識しやすくなる。

本方式では上記のように差周波数を計測して距離Rを求める処理を行う。そのため、送信信号の周波数の傾きを小さくしすぎると周波数分解能が悪くなり、結果として距離分解能が低下する。そのため、遠距離分解能を良くするためには送受波器が送受信できる周波数帯域の広帯域化が望ましい。

送信信号として広帯域のLFMを使用することに対する課題として、受信側でのビームフォーミングがある。ビームフォーミングは、各受波素子の受信信号に対して整相方位にメインビームが向くように遅延を掛けた上で、サイドローブのレベルが小さくなるようにシェーディング係数という重みを掛けて加算することでビームを形成するものである。図1-26にビームフォーミングの例を示すが、8個の受波素子に対して、a) は周波数が低く、シェーディング

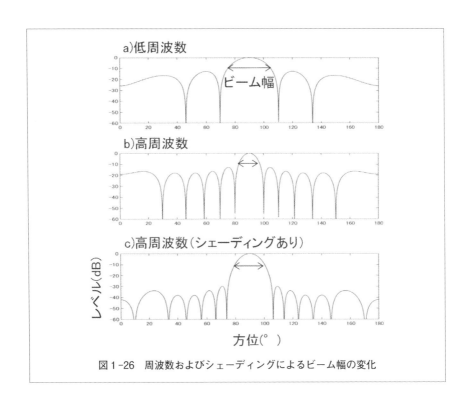

図1-26　周波数およびシェーディングによるビーム幅の変化

係数を全て1とした時のビームパターンで、b）は周波数が高く、シェーディング係数を全て1とした時のビームパターンである。この両者を比較すると周波数が高くなるとメインビームの幅が狭くなることが分かる。このように周波数によってメインビームの幅が変化してしまうと、目標がメインビームから外れてしまって探知が不安定になる可能性がある。これに対してc）はb）と同じ周波数でシェーディング係数を［0.2, 0.5, 0.8, 1.0, 1.0, 0.8, 0.5, 0.2］と素子ごとに変化させたときのビームパターンで、メインビームのビーム幅がb）と比べて広くなっていることが分かる。このシェーディング係数を掛けることでメインビームの幅が変化する特徴を使い、図1-27に示すように複数のシェーディング係数をあらかじめ準備しておき、周波数間でメインビームの幅の変動が小さくなるシェーディング係数を選択するようにする。このようにしてメインビームの幅が変化することによる探知の不安定化を抑制することができる。

実海面において目標潜水艦の代わりに、民間船から球状の模擬目標を吊下して、連続波アクティブソーナーの探知試験を実施した結果の例を図1-28に示す。この図は横軸が差周波数（距離）で縦軸が時間、信号レベルを濃淡表示したものである。この図は上にスク

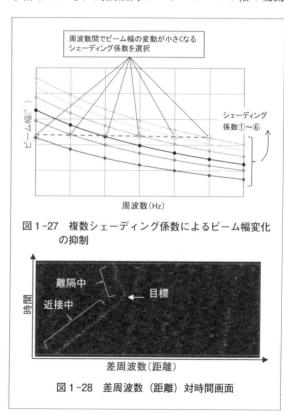

図1-27　複数シェーディング係数によるビーム幅変化の抑制

図1-28　差周波数（距離）対時間画面

海洋戦関連の先進技術

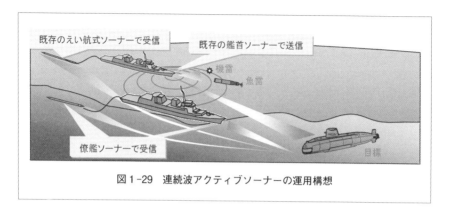

図1-29　連続波アクティブソーナーの運用構想

ロールしながら時々刻々と更新表示されるので、図の一番下が現在の時間で上の方が過去となっている。この図を見ると、目標が時間とともに離隔していき、途中で変針して近接してきている様子が分かる。図1-22に示す残響・雑音の中に目標が表示されるこれまでのアクティブソーナーの捜索画面（Bスコープ）の例と比較すると、連続的に目標が表示されるためより目標を認識しやすくなっており、また、パッシブソーナーのローファーグラム（横軸が周波数、縦軸が時間、信号レベルを濃淡表示）と類似した表示なので、パッシブソーナーの信号処理（自動検出等）が適用可能と思われ、パッシブソーナーと同等の検出閾値（通常、アクティブソーナーの検出閾値よりも小さい）が期待できる。

　以上のように、連続波アクティブソーナーにはこれまでのアクティブソーナーにない利点があるが、送信側は連続的に信号を送信するために、運用上の制約として図1-29に示すように、バイスタティックまたはマルチスタティック運用が前提となるということがある。つまり、送信側として艦艇の艦首ソーナーを使用する場合、受信側は自艦のえい航式ソーナー（送信信号の周波数を受信できる周波数帯域である必要がある）か、または僚艦のソーナー（艦首ソーナー、えい航式ソーナー）である必要がある。このようにモノスタティックソーナーと比較すると運用性が少々低下してしまうが、比較的近距離の目標を連続的に監視する必要があるときには大変有効な捜索方法となる。

37

3.4 将来のソーナー技術

　これまで述べてきたように、対潜戦の優位性を確保するため、これまで様々なソーナーの研究が行われてきた。これらのソーナーの研究はその性能を更に向上させるために、これからも引き続き行われていくと思われるが、今後は更に目標の探知領域・機会の拡大を図るためにマルチスタティックソーナーを発展させた、多音源マルチスタティックソーナーの研究も進んでいくと思われる。これは複数の場所の送信側から同時に送信信号を送波し、複数の場所の受信側で目標からのエコーを受信するというものである。この方法により探知領域・機会の拡大は期待できるが、課題として受信する側はその送信信号が、何時、どの場所から送信されたものかを判別できるようにする必要がある。その際、可能であれば電波を使用せずにそれらの情報を、ソーナーの送信信号に重畳させて送信できれば運用の柔軟性が向上するものと思われる。そのために関連する技術として、水中音響通信技術の向上も引き続き重要なテーマである。

　また将来においては同種ビークルでのマルチスタティック運用だけでなく、水上艦、回転翼哨戒機、固定翼哨戒機、また研究開発の緒についた水中無人機（UUV：Unmanned Underwater Vehicle）等を用いた異種ビークル間でのマルチスタティック運用等も、各ビークルが使用できる周波数帯域の違いや送信・受信の位置、送信時刻等の情報の共有等の課題はあるものの、実現することができれば対潜戦の優位性を確保できる重要な技術となってくると思われる。

（永田　安彦）

Chapter 2

第2章

無人航走体関連の先進技術

1. 水中無人機および水上無人機

1.1 防衛用海洋無人機

　冒頭より個人的話であるが、2004年に出向先から研究所に帰参した際に当時の室長から、「今後、水中無人機が重要になってくる。将来の水中無人機の研究計画を検討するように」と指示されたのが、筆者と海洋無人機（ここでは水中無人機と水上無人機の双方の総称）との関わり合いの始まりであった。当時はUUV master plan 2004、少し遅れてUSV master plan 2007が米国ONR（Office of Naval Research）より発表され、将来の運用構想が記述されていたが、正直なところ遠い未来のことという感が強く実現は将来のことという印象しか持っていなかった。しかし、それから20年近くが経って昨年に公表された「国家安全保障戦略」、「国家防衛戦略」、「防衛力整備計画」いわゆる防衛三文書の「国家安全保障戦略」の中で「有人アセットに加え無人アセット防衛能力も強化する」という記述があり、「国家防衛戦略」Ⅳ章の「防衛力の抜本的強化に当たって重視する能力」に「3 無人アセット防衛能力」が挙げられた。

　さらに「防衛力整備計画」ではⅡ章「自衛隊の能力等に関する主要事業」の「無人アセット防衛能力」で「艦艇と連携し、効果的に各種作戦運用が可能な無人水上航走体（USV）を開発・整備する。また水中優勢を獲得するための各種無人水中航走体（UUV）を整備する」ことが記載され、Ⅸ章「2 防衛技術基盤の強化⑷無人アセット」では「防衛装備品の無人化・省人化を推進するため、既存の装備体系・人員配置を見直しつつ、無人水中航走体（UUV）等に係る技術を獲得する。

　ア　管制型試験無人水中航走体（UUV）から被管制用無人水中航走体（UUV）
　　を管制する技術等の研究を実施し、水中領域における作戦機能を強化する。

　イ　（省略）

ウ　水上艦艇の更なる省人化・無人化を実現するため、無人水上航走体
（USV）に関する技術等の研究を継続する。

と記載されており、「防衛力整備計画」の別表３には概ね10年後に海上自衛
隊の基幹部隊として無人機部隊の整備が記述され、航空無人機を含む各種無人
機が装備の一翼を担う時代が到来している。

以上のような状況のなか、水中無人機と水上無人機の現状について米国およ
び諸外国の現状および艦艇装備研究所での取り組みをご紹介させて頂きたい。
なお、海洋無人機の分野では民生の優れた技術が多数あるが、本項では防衛用
の海洋無人機のトピックに絞らせて頂きたい。

1.2　水中無人機の現状

この項目では米国海軍において想定されている将来の水中無人機の任務とそ
のために必要であると考えられている水中無人機の能力を文献[2-1]を参考に検
討した。

米国海軍では、将来の水中戦における任務として次の五つが重要になると予
想している。この五つの項目が導出された背景として、米国海軍では対水中無
人機戦を除いて、彼の接近阻止／領域拒否圏内に深く侵入する能力の獲得を重
要視しているためである。

(1)　海底戦：彼の接近阻止／領域拒否圏内にある海底敷設武器、センサーの
　　無力化、欺まん、破壊

(2)　対水中無人機戦：彼の水中無人機に対する対応

(3)　電磁機動戦：彼に優位に立つための平時からの情報収集

(4)　欺まん：彼センサーが取得する情報の操作

(5)　非殺傷的手段による海洋のコントロール：水中プラットフォームの非殺
　　傷的な利用による緊張の緩和、政治的メッセージの伝達

さらに、米国海軍での運用想定としては加えて以下の２点も考えられている。

・現在、原子力潜水艦が活動する海域またはそれに近い海域において水中戦

艦艇装備技術の最先端

任務を支援する。

・原子力潜水艦よりも海底近くで活動する、または、原子力潜水艦よりも深い領域で活動する、あるいは原子力潜水艦を含む有人プラットフォームが活動する水深よりも浅くかつ領域拒否された海域において、前方に進出して活動する。

また米国海軍では、将来の水中無人機は、如何にして以下の能力を取得するかにかかっていると認識している。

・長期運用

・センサーとペイロード

・自律性

・指揮・管制・通信

筆者としては、これら四つが現在の水中無人機に求められる技術であり、これら四つの技術は全て互いに関連していると考える。また防衛用途には（特に前述のごとく水中無人機を接近阻止／領域拒否の手段として用いるため）、母船から遠方に進出し、現在より向上した自律性によってタスクを実行し、帰還できることが必要となると考える。

ここでこれまで水中無人機と水上無人機の研究開発を牽引してきた米国の水中無人機ビジョンを基に水中無人機の今後の研究開発の概要を記載したい。図2−1にはSmallクラスからExtra Largeまでの各コンセプトとその進捗が示されているが、ここでは、MediumクラスとLargeクラスおよびExtra Largeクラスについて紹介する。

まず、Mediumクラスについて、日米双方で実用化されている機雷捜索用水中無人機を例として紹介する。図2−2は米国で開発されたKnifefishである。Knifefishの船体特性は直径0.53m、長さ6.7mであり、主電源はリチウムイオン電池を搭載し16時間の航走が可能となっている。機雷探知センサーとしては、低周波ブロードバンド合成開口ソーナー（Low Frequency Broadband Synthetic Aperture Sonar）を有し、浮遊機雷と埋没機雷をKnifefishに内蔵されているデータベースに基づいて探知する水中無人機である。

42

無人航走体関連の先進技術

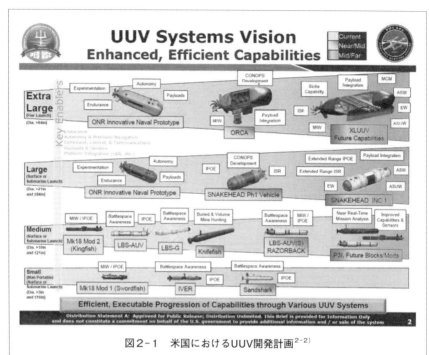

図2-1　米国におけるUUV開発計画[2-2]

一方、日本の機雷捜索用水中無人機の成果の一つとしては自律型水中航走式機雷探知機（OZZ-5）の実用化が挙げられる（図2-3）。OZZ-5は2013年から2017年にかけて防衛装備庁が開発した水中無人機で、低周波及び高周波二つ

図2-2　Knifefish[2-3]

の周波数の合成開口ソーナーを搭載している。高周波合成開口ソーナーは海底に沈底した目標物を探知し、低周波合成開口ソーナーは海底に埋没した目標物を探知することができる（図2-4）。

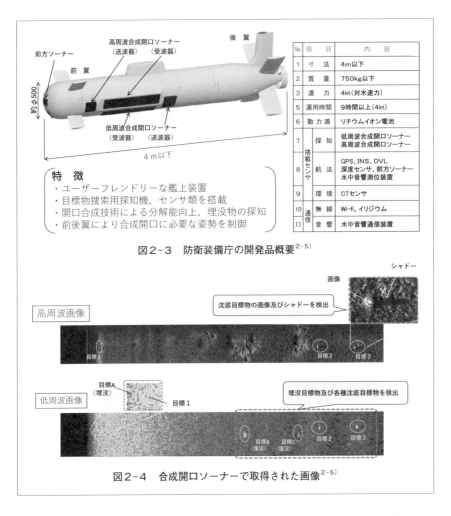

図2-3　防衛装備庁の開発品概要[2-5]

図2-4　合成開口ソーナーで取得された画像[2-5]

　なお、このOZZ-5の機雷捜索能力を高めるために、現在フランスと共同で、取得した合成開口ソーナー画像から、航走体内で沈底・埋没した目標物を自動で探知及び類別した結果をオペレーターに提示することで、オペレーターの目標物の探知・類別する作業を軽減する技術を研究している（図2-5）。
　一方、Extra LargeクラスおよびLargeクラスの技術開発は世界各国でホットなトピックである。米国の事例としてORCAプロジェクトについて概説する

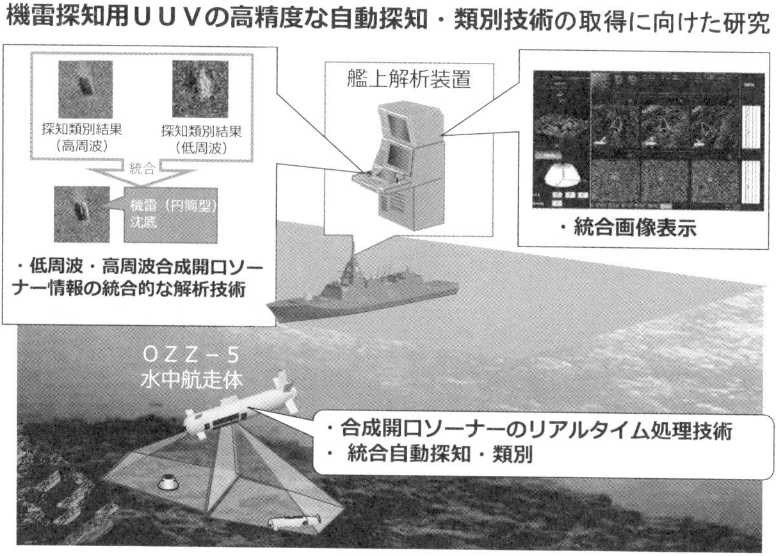

無人航走体関連の先進技術

図2-5 次世代機雷探知機の研究概要[2-6]

（図2-6）。

ORCAプロジェクトの水中無人機はEcho Voyagerの設計に基づいており（写真はEcho Voyager）、「様々な大きさのペイロードに対応するように」設計された。この水中無人機は全長16m、断面2.6m

図2-6 Echo Voyager[2-4]

×2.6mの矩形で、本体重量は50ton、航続距離は最大12,000kmとなっている。この水中無人機は、長さ4mから10mのミッションモジュールを搭載することが可能となっており、長さが10mの場合、全長は最大26mに増加する。この際、モジュラーセクションの内部ペイロードボリュームは、最大長さ10mの場合は57m^3、最小長さ4mの場合は25m^{3}となる。

図2-7 Cetus[2-7)]

図2-8 Ghost Shark[2-8)]

図2-9 長期運用型UUV外観[2-9)]

　ORCAのようなExtra Largeクラスのプロジェクトとしては、英国のCetus（図2-7）や豪州のGhost Sharkが公表されている（図2-8）。Cetusは全長12m、直径2.2m、重量17tonで、航続距離1,852km、動作深度400mで使用可能なモジュール化された水中無人機を目指している。Ghost SharkはAUD140M（≒130億円）かけて開発され、このXLUUV（eXtra Large Unmanned Underwater Vehicle）は全長5.8m、排水量2.8tonで、10日間の航続と深度6,000mまでの潜航が可能とされている（Ghost Sharkは規模的には他国のXLUUVと比較すると小型ではあるが、一般にGhost SharkはXLUUVクラスに分類されているため本項もこれを準用する）。

　わが国においてもXLUUVクラスの水中無人機の取り組みがなされている（図2-9）。長期運用型UUVと呼ばれており、全長15.6m、直径1.8mでモジュール構造となっており、必要に応じミッションモジュールを追加することで機能付加することが可能である。

　長期運用型UUVのプロジェクトでは将来のUUVの早期実現に向け、オープンアーキテクチャ化されたソフトウェア、ハードウェアについてはモジュール化及び必要な仕様の共通化の検討を進めており、令和4年12月末に、UUVのモジュール化に係る仕様を「UUVモジュール規格基準書」として取りまと

無人航走体関連の先進技術

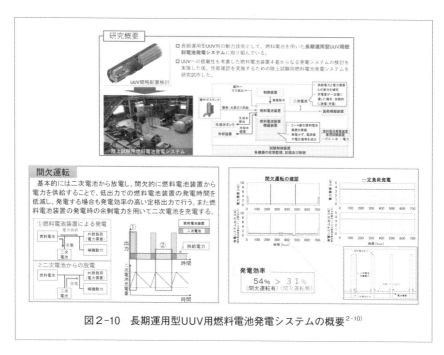

図2-10　長期運用型UUV用燃料電池発電システムの概要[2-10]

め、令和5年以降に公開、継続的に改訂していく予定である。前出のCetusもモジュール構造を採用していることから、モジュール化は今後のUUVの特徴の一つと言えよう。

　既述のように水中無人機の長時間運用は今後、必ず克服していかなければならない技術の一つである。艦艇装備研究所では燃料電池と二次電池で構成される発電システムに関する研究も実施した。その一つの成果を図2-10に示す。この発電システムは基本的には二次電池から放電し、間欠的に燃料電池装置から電力を供給することで、低出力での燃料電池装置の発電時間を低減し、発電する場合も発電効率の高い定格出力で行う。また燃料電池装置の発電時の余剰電力を用いて二次電池を充電するというものである。陸上試験によって間欠運転を行わない（燃料電池だけによる運転動作）場合より、間欠運転させた場合20％以上発電効率が上昇することが明らかになった。

47

1.3 水上無人機の現状

米国海軍では図2-11に示すような水上無人機に関する開発計画を持っている。Very small、small、Medium、Largeのクラスに分かれて研究されており、特にLargeクラスとMediumクラスの開発が盛んである。ここではこの2クラスに関して述べたい。

米国海軍では、大型水上無人機（Large Unmanned Surface Vehicle：LUSV）について、長さが60mから91mで、最大排水量が1,000tonから2,000tonと定義している。これにより、LUSVはコルベット（つまり、巡視艇よりも大きく、フリゲートよりも小さい船）のサイズになる（図2-12）。

図2-11 米国におけるUSV開発計画[2-4]

この米国海軍が要求するLUSVは、様々なモジュール式ペイロード、特に対艦兵器（Anti-surface Warfare：ASuW）とストライクペイロード（主に対艦と対地ミサイルを意味する）を運ぶため

図2-12　LUSV[2-4]

の十分な容積を備えた、商用船の設計に基づく低コスト、高耐久性、再構成可能な船となっている。また各LUSVには64本の垂直発射システム（VLS）ミサイル発射管を搭載することになっている。さらに米国海軍は、このLUSVに対し少人数の人が搭乗しオペレーションすることが可能ないわゆる有人艦と無人艦の間で半自律的あるいは完全に自律的に連携して運用できることも要求している。

次にMUSV（Medium Unmanned Surface Vehicle）について述べる。米国海軍では、MUSVを、長さ13mから58m、排水量500tonから1,000tonと定義しているため、有人艦艇における巡視艇のサイズになる。米国海軍ではこのMUSVに対し、LUSVのように様々なペイロードに対応できる、低コスト、高耐久性、再構成可能な船となることを要求している。このMUSVの初期ペイロードには、インテリジェンス、監視および偵察（Intelligences Surveillance and Reconnaissance：ISR）ペイロード、および電子戦（Electric Warfare：EW）システムが搭載される。

MUSVプログラムは、継続的な対潜水艦戦用試験無人船（Anti-Submarine Warfare Continuous Trail Unmanned Vessel：ACTUV）（図2-13、2-14）の取り組みの下で国防高等研究計画局（Defense Advanced Research Project Agency：DARPA）による開発計画と、海軍研究局（Office Naval Research：ONR）による開発計画に基づいて進行していて、中型USVのプロトタイプであるSea Hunterの設計、建造、および試験評価が行われている。この中型USVは、全長132ft（約40.2m）、排水量約140tonである。MUSVプログラムの

艦艇装備技術の最先端

図2-13　MUSV[2-4]

図2-14　MUSV[2-11]

図2-15　無人機雷排除システム[2-12]

艦隊運用に対応した命令および制御（Command and Control：C2）は、LUSVプログラムにおいて開発されたC2手法を採用する予定である。

これまでは米国海軍における水上無人機の事例紹介であったが、防衛省においても小型水上無人機の開発事例がある。この水上無人機は「もがみ」型護衛艦（FFM）に対機雷戦機能を付与するため、機雷の敷設された危険な海域に進入することなく、機雷を処理することを可能とする無人機雷排除システムとして取得される予定である（図2-15）。

1.4　今後の海洋無人機

　米国の研究開発の方向を見ていると、小型の水上無人機、中型の水中無人機は実用化の域に達しつつあり、よりペイロードの大きく、自律性の高いミッションを達成できる大型の無人機の開発に軸足は移されつつあるように感じる。今

後は海洋無人機の特性を生かした研究開発は急速に進展していくと考えている。

わが国においては対機雷戦というミッションにおいて無人機雷排除システム、自律航走式機雷探知機OZZ-5の開発によって、小型水上無人機と中型水中無人機は実用化の域に達しつつあるのではないかと考えている。

ところで、今後の水中無人機と水上無人機を検討する際に筆者が常に参考としているのが水上無人機、水中無人機の特徴の比較をした図2-16である。これはあくまでも定性的なものであるが、これを見ると水上無人機と水中無人機の各々の特性が明らかになっていると考えている。

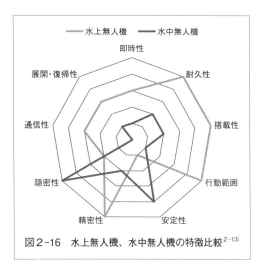

図2-16 水上無人機、水中無人機の特徴比較[2-13]

水上無人機は搭載性および精密性に優れており、水中無人機は隠密性と安定性に優れていることが分かる。加えて水上無人機はGNSS等や衛星通信等を経由して、自己位置精度を保持するとともに、水中無人機より多くの貨物を輸送できる。しかし、搭載性の小さい小型の水上無人機を除き、電波ステルス等の観点から見ると隠密性は高いとは言い難い。

一方、水中無人機は自己位置補正のために水上浮上しGNSS信号を接受する以外の場面では水中を航走し、従来の潜水艦より船体規模が遥かに小型であることから、探知されにくいと考えられ、また水中航走しているため波浪の影響は受け難いと考える。しかし、水上無人機より搭載性の観点では見劣りすることはやむを得ない。

今後の海洋無人機の研究・開発において図2-16を常に念頭に置いて、従来の概念に囚われない水上無人機と水中無人機の研究開発を心掛けていかなければならないと考えている次第である。

(古川　嘉男)

2. 無人航走体の連携技術

2.1 UUVの任務

　昨今、防衛部門と非防衛部門とを問わず水中領域の重要性が強く謳われており、これに伴ってUUV（Unmanned Underwater Vehicle、水中無人機）[2-14]に広範な関心が集まっている。非防衛部門では、環境問題や海洋国家として日本は海洋の利用を十全にすべし、という観点から、深海を含む水中で、資源探査、環境モニタリング、海底ケーブルや海洋建築土木（例えば、現在、ゼロ・エミッションの目標ための洋上風力発電はホットな話題である）の点検・保守等での更なる活用が期待されている。

　防衛において水中領域の本来的な利用の仕方は、水中の不可視性を利用して隠密裏に進出し、敵を無力化することなのだが、今のUUVはこのような用途に用いるための十分な能力はもっていない。他方、水中における防衛では、逆に、不可視性を利用しようとする敵に対し、その存在を暴露し、無効化することも重要である。現在、UUVは機雷の捜索に使われており、脅威を取り除くことに使われているといえるが、行動の範囲が局所的にとどまっており、こちら方面でもUUVの能力の向上と活用範囲の拡大が望まれる。

　今後、具体的にどのような任務をUUVにさせたいかを知るには米国Unmanned Maritime System Program Office（PMS406）が公表した少し古いバージョンの"Unmanned Maritime System Update, January 15, 2019"[2-15]の2ページが分かりやすい（**図2-16**）。機雷戦、機器の運搬、ISR（情報収集・警戒監視・偵察、Intelligence, Surveillance and Reconnaissance）を皮切りに、将来的には、対水上戦、対潜戦、電子戦等、あらゆる水中／海上任務が書かれている。このように、いろいろな場面でUUVの活躍が期待されているのであるが、多くの運用場面においてUUV単機でできることは限定的である。そこで、

52

無人航走体関連の先進技術

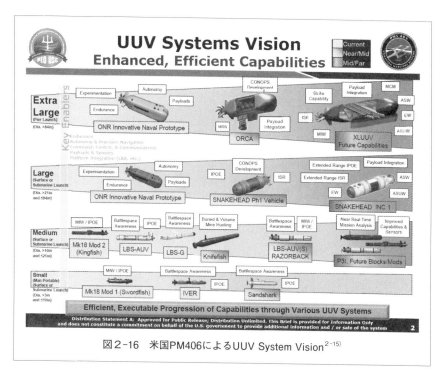

図2-16　米国PM406によるUUV System Vision[2-15]

　複数のUUVの同時利用や、UUV以外の水上／水中ビークル他との連携を考えることは自然である。ここでは、あまり物理的、工学的な細部の説明はせず、水中における連携に関連する技術のおおよその水準を見つつ、今後、進めるべきだと考えている方向性について述べる。

2.2　水中の通信手段

　UUVが他のUUVや船と水中で無線通信をする手段は、陸上において主に電波を用いて行われる通信とは大きく異なっている。海水が導体であることから距離によって電波は極めて速やかに減衰してしまい、遠方まで到達しないためである。例えば、Wi-Fi機器で用いられている2.4GHzの場合、10cm程度で減衰してしまうようである。ただし、さらに低い数十MHz以下の電波を用いた水

中通信の研究は存在する。各研究で用いられている波長の違いや、報告の読み取り方によってまちまちだが、距離と通信速度は10m未満、100kbps程度といったところか[2-16]~[2-19]。電波に代わって水中で用いられる通信手段は音と光である。

音波を送波および（または）受波する送受波器は、圧電振動子や磁歪振動子などで電気信号を力学的な水の振動（ただし疎密波である）に換える、あるいは、水の振動を電気信号に換えることによって通信する。海水での音速は約1,500m/secであり、これは光速と比較するとずっと遅い。水中音響通信の世界に特有の困難な問題として、次の二つがある。

(1) 移動体間通信の場合、音速に対する移動体の相対速力が、陸上／空中における電波（光速）に対する移動体の相対速力に比べて非常に大きいために、ドップラー効果の影響を受けやすい（図2-17）。

(2) 浅海域で通信する場合、音は海底や海面による多重反射によって、到来するタイミングがずれて複数回にわたって到来するので、信号が重なってしまい読み取ることが困難になる（図2-18）。

これらの問題は、通信の困難や不安定さをもたらすのであるが、これを克服する研究開発が世界中で行われてきている（より技術的な分かりやすい解説は

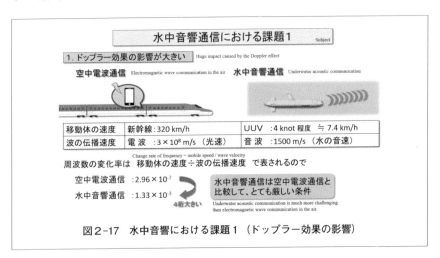

図2-17　水中音響における課題1（ドップラー効果の影響）

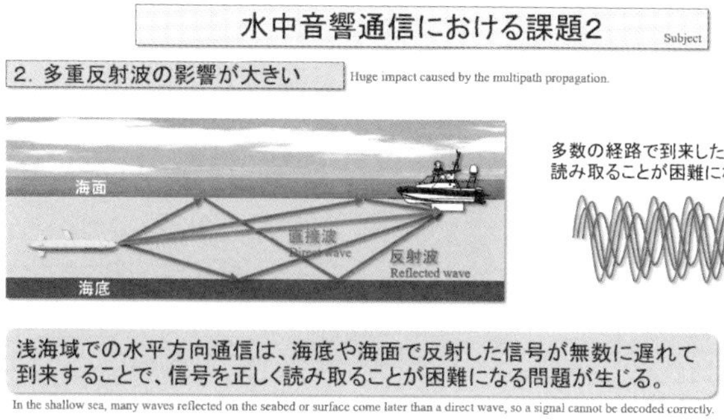

無人航走体関連の先進技術

水中音響通信における課題2　Subject

2. 多重反射波の影響が大きい　Huge impact caused by the multipath propagation.

海面

直接波
Direct wave

反射波
Reflected wave

海底

多数の経路で到来した信号が重なり、
読み取ることが困難になる

浅海域での水平方向通信は、海底や海面で反射した信号が無数に遅れて
到来することで、信号を正しく読み取ることが困難になる問題が生じる。
In the shallow sea, many waves reflected on the seabed or surface come later than a direct wave, so a signal cannot be decoded correctly.

図2-18　水中音響における課題2（多重反射波の影響）

例えば参考文献2-20）などがよいと思う。参考文献2-21）は、防衛装備庁に
よるドップラー効果抑制の研究。更に先進的な手法として、多重反射を逆手
に取り、複数到来した多重反射波を再構成して高品質に元の信号を得るTRM
（Time Reversal Mirror）という手法もある[2-22]）。

　また音波による通信で使用できる帯域幅は、典型的には数十kHzのオーダー
であり、電波による通信が数MHz以上であるのに対して非常に狭く、通信速
度は低くならざるを得ない。では、音響通信の実力はどのあたりにあるだろう
か。広範な商用の水中音響モデムの実力値をまとめた参考文献2-23）によれば、
距離と通信速度は反比例の関係にあり、上限が40kbps×km程度である。また
最大通信距離は10km未満である。しかし、この値を超える研究や実用化例は
複数存在し、例えば同報、参考文献2-23）でも、上下間通信に限られるものの、
「しんかい6500」の音響通信装置は、通信速度×距離の指標で先の値の10倍を
超える性能があると報告している。その他、水平方向通信で1 Mbps×300m（＝
300kbps×km）と先の値の7.5倍の通信に成功した事例もある[2-24]。水中音響
通信の研究は国内外を問わず活発に行われており、今挙げた例のように今後も
性能が向上していくものと思われる。また、ここまでに挙げた事例は中小型の
UUVに搭載できるような大きさの音響モデム（ある代表的な製品の送受波部
分の大きさはΦ110mm×220mm）の例であり、船から大型の送波器を用いる

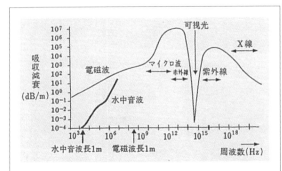

図2-19 音波と電波、光の減衰〔海洋音響学会編（2014）、海洋音響の基礎と応用P.27図4.3を転載〕

図2-20 水中光通信の実験の様子（波長を変えて1対1の双方向通信をしている）

ことで音の出力を大きくすれば、一方向ながら距離を延伸させられることが考えられる（一方、大型のUUVに大型の大出力の送波器を持たせることは隠密性を損ねてしまうので好ましくないだろう）。

次に光による通信について簡単に見ておきたい。図2-19は、電磁波および水中音波の吸収減衰のグラフである。このグラフにみられるように可視光は水による減衰が小さく、水中の通信に用いることができる。可視光のうちでも波長の短い青、緑の領域で減衰が小さく（図2-20）、LEDやレーザー光を利用した通信の研究が世界中で行われている〔すでに一部は製品化されている。例えば、参考文献2-25)、2-26)、2-27)〕。水の濁度が大きいと光が遮られて通信が困難になることは光通信の宿命である。また太陽光下でも通信は厳しくなり、海中での光通信の報告例は一定程度、深い場所で行われたものが多い。通信距離をかせぐために光の出力を大きくする方法として、光のビームを細くしぼることが行われるが、するとビームの方向と受信器の位置、姿勢を合わせることが難しくなる。この問題に対して水中ロボットがガイド光をトラッキングして自ら位置、姿勢合わせを行い、安定した通信を確立する研究も行われている〔参

考文献2-28)〕。光通信の実力はどのくらいだろうか。いろいろな報告があってつかみにくいが、遠距離通信の場合で、数十mで10Mbps程度であり、10m未満の短距離ならば数百Mbpsから1Gbps程度が可能なようである（実験的な結果ながら、1Gbps×100mで通信ができたという報告もある[2-29]）。なお、太陽光の影響をまぬがれない晴天下の浅い海での例では、防衛装備庁で行った実験において、海面付近と深さ約20mの地点との間で1Mbpsの通信が可能であった。光通信は音響通信と比較すると距離が短いながら、条件が整えば高速通信が可能なので、場面や用途によって音響と光を使い分けることが考えられる。

　ここまで通信の内容については述べてこなかったが、船とUUVの通信を例にとると通信の内容は2通りに大別して考えることができる。ひとつは「船からUUVへのコマンドとUUVから船へのUUVのステータス情報」であり、このための通信には大きな通信速度を要しない。もうひとつはUUVがセンサでとらえた「データ」であり、船上にUUVを引き上げるのを待たずにデータを得たい場合、大きな通信速度が必要になる場合がある。例えば機雷捜索UUVが時々刻々とらえる海底面のソーナー画像や、水中カメラの映像などがある。

2.3　UUVの能力

　つづいてUUVの能力をみていきたいと思う。**図2-21**は世界の主な中型UUVである。防衛用途を考えた場合、機動力を重視したい場面が多いので、巡航型のみを載せている（他にグライダー型、ホバリング型がある。UUVの分類は〔参考文献2-30）による〕。大きさと航続時間のみをのせたが、UUVの大きさからペイロードの大きさはおおよそ数十cm長であると推測される。速力は書いていないが3〜5knotである。稼働時間は約1日ないし約2日である（OZZ-5の稼働時間のみが小さいが、その理由のひとつが、OZZ-5には低周波・高周波の二つの高級な合成開口ソーナーが積まれていて、このソーナーが消費する電力も含まれているからである。UUVの稼働時間は積んでいるバッ

艦艇装備技術の最先端

機体名称	REMUS600 (Huntington Ingalls Industries Inc.)	REMUS6000 (Huntington Ingalls Industries Inc.)	HUGIN1000 (Kongsberg Maritime AS)	HUGIN3000 (Kongsberg Maritime AS)	HUGIN4500 (Kongsberg Maritime AS)
大きさ	3.25×φ0.32m	3.96×φ0.71m	3.85×φ0.75m	5.35×φ1m	6×1×1m
稼働時間	24hrs	22hrs	24hrs	50hrs	60hrs
外観					

機体名称	Bluefin-12D (Bluefin Robotics)	Bluefin-21 (Bluefin Robotics)	Explorer3000 (ISE)	OZZ-5 (三菱重工業)	警戒監視型水中無人機(IHI)
大きさ	4.32×φ0.32m	4.93×φ0.53m	5.5×φ0.7m	4×φ0.53m	4.0xφ0.4m
稼働時間	30hrs	25hrs	24hrs	9hrs	24hrs
外観				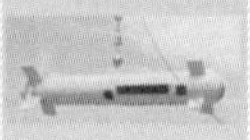	

図2-21　世界の主な中型UUV（巡航型のみ）

装備品名等	「長期運用型UUVの研究」 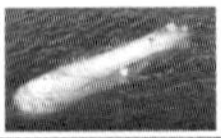	XLUUV Orca 	Cetus 	XL-AUV（米Anduri社） 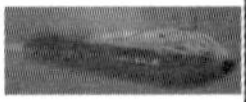	Oceanic underwater drone demonstrator 
開発国名	日本	米国	イギリス	オーストラリア	フランス
全長	形態1：約10m 形態2：約15m	最大26m	12m	10m超	10m（将来は〜20m）
連続航行時間または距離	約7日間	約60日間（一定距離ごとに浮上・発充電必要）	最大1000マイル	不明	不明
動力源	リチウムイオン2次電池	ディーゼルエンジン＋電池	電池	電池	電池（将来は燃料電池他のAIPの可能性）

装備品名等	HSU001 	Poseidon 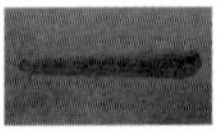	ASWUUV 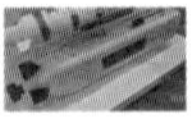
開発国名	中国	ロシア	韓国
全長	約5m	約20m	最大10m
連続航行時間または距離	1ヶ月（電池寿命）	5200マイル	30日
動力源	電池	原子力	燃料電池

図2-22　世界で研究開発が進む大型のUUV

無人航走体関連の先進技術

テリーの容量やセンサの消費電力、UUVの速力等で決まるのだが、OZZ-5は実際にはREMUS6000より大きな容量のバッテリーを積んでいる）。UUVの行動は、今のところあらかじめ決められたルートプランに沿って航走するというのが典型で、ただし、障害物をよけたり、地形に沿って高度を一定に保ったりはする。高度な状況判断や意思決定は将来技術である。しかし、ウミガメを自動追跡するような興味深いAUVの研究もある[2-31]（当該研究では、「UUV」ではなく「AUV」を用いている。以下、同様）。

図2-21の中型UUVとは別に、**図2-22**に示すように、現在、世界の防衛部門で研究開発が行われている大型UUVたちがある（外国の情報の中には、本当に可能なのだろうか、とか、本当にできているのだろうかと思うような情報もある）。これらは米国ONR（Office of Naval Research）が2004年に提唱したLDUUV（Large Displacement UUV、大型のペイロードをもつ1ヵ月もの間活動するUUV）を嚆矢とする、冒頭にも述べた、防衛にとっての本来的な水中領域の利用を目指すUUVである。技術的なハー

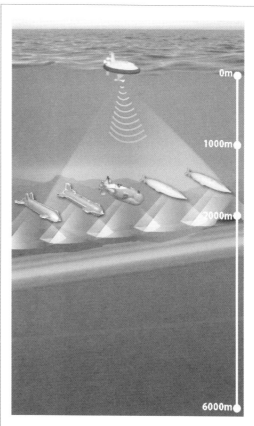

図2-23　複数AUVの隊列制御（戦略的イノベーション創造プログラム（SIP）革新的資源調査技術研究開発計画[2-33]から転載）

艦艇装備技術の最先端

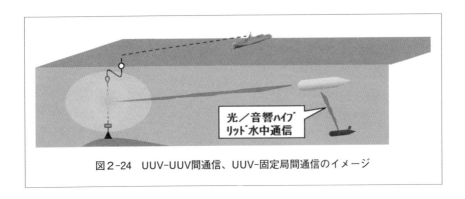

図2-24　UUV-UUV間通信、UUV-固定局間通信のイメージ

ドルは非常に高いが、実現すれば得られる果実は大きいので、各国とも研究開発に力を入れている。

　さて、複数UUVの連携やUUVとUSV（Unmanned Surface Vehicle、無人船）の連携に関しても、やはり世界中で盛んに研究されている。代表的な事例として、SIP（戦略的イノベーションプログラム）のひとつの革新的資源調査技術において成し遂げられた、複数AUVの隊列制御技術の実証がある（図2-23）[2-32], [2-33]。これは、USVをハブとする複数AUVの連携の、現時点での到達点である。なお、防衛装備庁においてもUUV-UUV間通信を含むUUV連携の実証的研究を計画している（図2-24）。今後、望まれる発展の方向性はなんだろうか。資源調査には必要ないかもしれないが、UUVらがフォーメーション（隊列）を変更したり離合集散したりする、また無力化されやすくUUVの隠密性を損ねかねないUSVがいなくともUUVだけで連携しながら行動するといった、今からするとかなり技術的なハードルの高いレベルでの連携も望みたい。なお私個人の考えであるが、UUVの連携技術を延ばすのに、今はまだブレークスルーを必要としていない、またブレークスルーが必要と判断するほどには今手にしている技術を活用し尽くしていないように思える。今、連携技術を伸長させるために必要なことは、現在の技術で可能な機能の実装と海上での実証とを多数こなすことだと考えている。

2.4　防衛のための水中の情報収集・警戒監視

次に掲題の応用例について考えたい。ここまで通信技術とUUVの能力、UUVの連携技術の例を見てきたが、いくつか挙げてきた性能値から、防衛上有用な応用が考えられるであろうか。港湾や沿岸、島しょ周辺の局所的なエリアなどではなにがしか応用が見いだしうるかもしれない。しかし、列島や諸島沿いの長距離のライン上を警戒監視させることに用いることができるだろうか。また、このラインをどれだけ大陸側あるいは太平洋側へ平行移動させることができるだろうか。少なくとも通信距離やUUVの能力はまだ十分ではないように思えるので、その他の水中アセットも組み合わせるべきだと考える。

図2-25[2-34]は、水中のセンサと通信のネットワークを描いた将来の想像図である。登場人物は、UUV、USV、UAV（Unmanned Aerial Vehicle、無人飛行機）、UGV、蜘蛛のように八方にセンサを広げた分散自律型センサ、人工衛星である。固定アセットの間をUUVが遊弋（ゆうよく）している。図には登場しないが、次のようなアセットの利用も考えられる。

図2-25　無人機を利用した将来の水中利用の想像図[2-34]

- 有人ビークル（水上艦艇、潜水艦）
- 海底敷設型通信ケーブル／センサケーブル
- 鉛直型通信アレイ／センサ・アレイ
- 情報シンク・給電ステーション
- （センサや通信器材を積んだ）漂流ブイ
- 音響灯台

こうした将来の水中ネットワークの構想に対して、今後は、①距離または覆域面積②情報の伝送量③電源④各アセットの稼働時間⑤コストといった定量的な裏付けを行っていくことが必要であろう。

2.5　その他の技術動向

この節では普段、情報収集をしていて、非防衛部門における水中領域の利用に関する技術で、防衛にも役に立つかもしれないと思える技術を紹介したい。

(1)　風力発電と大電力伝送

はじめに、NEDO他によって再生可能エネルギーの導入拡大他を目的になされている洋上風力発電と海底直流送電の検討を挙げたい[2-36], [2-37]。これらのなかで考えられている構想は、北海道沖等の洋上風力発電適地で発電された電気を、長距離海底ケーブルを用いて送電するというもので、送電はもちろん海上から地上に対して行われるのだが、逆に遠方海域に電力を送電することで、防衛のための情報収集・警戒監視システムに利用できないだろうか。

(2)　地震・津波観測網

非防衛部門では海底のセンシングは地震・津波の観測のために重要で、日本近海の一部に観測網が構築されている（図2-26、図2-27）[2-38], [2-39]。もちろん防衛において海底敷設のセンサケーブルは新しい技術ではないが、民間技術の利用の観点から、防衛用のセンサ・情報網を考えるのに参考になるかもしれ

無人航走体関連の先進技術

図2-26 日本海溝海底地震津波観測網（S-net）（国立研究開発法人防災科学技術研究所 地震津波火山ネットワークセンター、「日本海溝海底地震津波観測網（S-net）の運用と現状」[2-38]より転載）

ないと思い、ここに挙げた。

(3) AUVとUAVの連携

最後に紹介したいのは、AUVとUAV連携に関する研究である〔参考文献2-40)、2-41)〕。水中と空中は、情報の伝達速度とビークルの速度という点において、オーダーが異なる別の領域をなしている。もちろん水中の方が遅く、このことが水中領域の利用を難しくしているのであるが、紹介する研究はUAVをうまく利用して両領域を接続しようとする試みである。UAVは機器を吊下したり、水面に着水してAUVとの通信やAUVの測位を行ったりする。引用した文献では回転翼のドローンを用いているが、固定翼のドローンの使用も計画していると聞いた。UUVの運用を支える無人アセットとしては、しばしばUSVの利用が考えられているが、USVの存在はUUVの行動の隠密性を損ね

艦艇装備技術の最先端

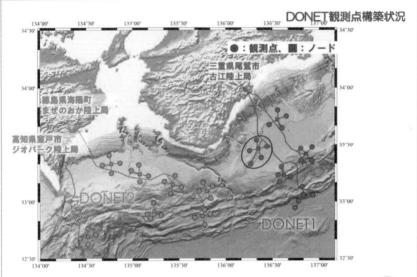

図2-27　地震・津波観測監視システム（DONET）〔海洋研究開発機構（JAMSTEC）
「DONET 地震・津波観測監視システムの概要と連続リアルタイム海底地殻変動
観測システムへの展望」[2-39] より転載〕

る可能性があるし、USVは無力化されてしまうかもしれない。UAVを用いた一時的なUUVとの連絡であれば隠密性を損ねる可能性を小さくできるかもしれないし、USVに比べれば無力化されにくく、仮に無力化された場合でも、安価であれば代わりのUAVをすぐさま派出する、といった運用も考えられるかもしれない。

　よく知られているように経済的排他領域を含む日本の近海域は世界有数の広さを有している。そして、何よりこれを利用することを考えた場合、世界中で最もアドバンテージを有する国は日本である。今、水中領域を利用するいろいろな技術が成熟してきており、すでに学術研究レベルを脱して、たくさんの国

64

内メーカーが研究開発に参画している。一方で、出口（＝需要）のイメージが定かではないため、実用化に向けて技術の実証のレベルを上げていくことに躊躇しているようにも思える（躊躇する理由のひとつとして、海上での研究開発には時間とお金がかかることがある。投資にはそれなりの動機が必要である）。防衛部門においてもこれら新しい技術を活用した水中領域の利用のイメージをより確かなものにし、育ちつつある技術の後押しが必要であると考える。

（熊沢　達也）

3. 水中無人機の試験評価装置

　令和3年9月1日に防衛装備庁艦艇装備研究所の新たな支所として、山口県岩国市に岩国海洋環境試験評価サテライト（IMETS：IWAKUNI Maritime Environment Test & Evaluation Satellite）が発足した。海上自衛隊岩国航空基地から南へ10数kmほどにある通津沖工業団地の一角の約30,000m^{2}の敷地に、将来のゲーム・チェンジャーとなり得る装備品の一つであるUUV（Unmanned Underwater Vehicle：水中無人機）を試験評価するための新たな施設の誕生である（図2-28）。

　以下に、IMETS整備の概要および試験評価装置について紹介する。

図2-28　岩国海洋環境試験評価サテライトの発足式と全景

3.1　IMETS整備の概要～UUV試験評価施設の必要性～

　近年のわが国周辺海域における周辺諸国との緊張関係の高まりを受けて、常続的な警戒監視を実施することが重要となっている一方で、数に限りがある水上艦艇や潜水艦等で広大な海域を警戒監視することには限界がある。そのため、それらを補完する装備としてUUVを活用することが期待されている。令和元年8月に防衛省より公表された研究開発ビジョン[2-42]においても、無人機技術を活用した効率的な水中防衛の実現がうたわれている。その中に示されているように、状況認識および行動判断の高度化による「自律性の向上」および「高信頼化」が長期間の無人機運用を実現するための課題とされており、防衛装備庁艦艇装備研究所においては「長期運用型水中無人航走体用探知技術の研究[2-43]」や「長期運用型UUV技術の研究[2-44]」などのUUVに関連する様々な研究を進めているところである。

　しかしながらUUVの「自律性の向上」および「高信頼化」を実現するにあたっては、UUVの様々な運用状況や海洋環境下における試験評価が不可欠である。これら「自律性」や「信頼性」について実海面試験において評価する場合には、意図したすべての運用状況や環境条件下で試験を実施するために費やす時間やコストが膨大となり、かつ自然環境は意図した条件にコントロールできないことから、評価に十分な試験データを得ることは非現実的だ。またUUVの常時監視が困難であることから、航行中のUUVに何らかのトラブルが発生した場合に亡失などのリスクも生じる。

　これらを解決するための試験評価手法として、昨今進展の著しいシミュレーション技術を活用することにより、陸上において実機UUVを含めた試験評価を行うための試験装置を新たに整備することとした。具体的には「水中音響計測装置」と呼んでいる大型水槽等と「HILS（Hardware In the Loop Simulation）システム」と呼んでいるシミュレーション装置および、それに必要となる建屋等の整備を平成30年度より進めていた。「水中音響計測装置」は

建屋の建設工事と並行して現地工事を行いIMETSの発足とともに運用を開始していた。他方「HILSシステム」は現在製造途中であり、令和4年6月に納入され、運用を開始している。

3.2 試験装置の概要

UUVは多くの用途が期待されているが、その任務によりサイズや搭載構成品が多種多様であるとともに行動ロジックも大きく異なる。このようなUUVの多様な仕様要求に対応した設計・製造を行い、「自律性」や「信頼性」等の評価を行うためには、UUVのデジタルモデルを柔軟に作成できる「a モデリング機能」とそのシミュレーションを実行するための「b シミュレーション機能」が必要となる。さらに水中においては情報収集の主体となる音響センサの機能・性能が重要となることから、その評価のため陸上施設において海中の音響環境を作り出す「c 音響模擬機能」も必要である。

そこでIMETSでは、図2-29のように「HILSシステム」と「水中音響計測

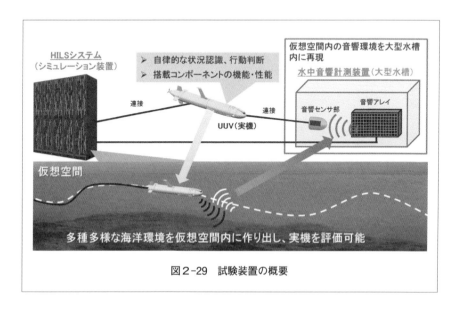

図2-29　試験装置の概要

装置」を組み合わせ前記三つの機能を実現することで、陸上施設において実海面試験と同等の試験評価を行うこととした。

(1) 「水中音響計測装置」の性能・諸元

「水中音響計測装置」は、①大型水槽を中心に②吸音材③トラバーサ④水中位置計測装置⑤浄水装置が装備された国内最大級の大型水槽である。また小型のUUV等であれば航走性能に関する計測も行うことができる（図2-30）。

①**大型水槽**：大きさは縦35m×横30m×水深11m（最深部11.8m）で、4側面に吸音材を装備した国内最大級の音響水槽である。また、のぞき窓（縦1m×横1m）が各側面に一つ配置されており、大型水槽内部の試験状況等を観測することができる。さらに大型水槽の縦方向の両端に幅1.5m×長さ30m×水深0.5mの試験器材を仮置きできるスペースを有しており、器材をトラバーサへ取付け、取外しする際の作業性を高めている。

図2-30　水中音響計測装置

②**吸音材**：大型水槽内側の4側面に縦450mm×横450mm×厚さ60mmの平板の吸音材が合計6,634枚装備されている。各吸音材は10kHz〜100kHzにおいて10dB以上の減衰量で、壁面からの不要な音の反射を抑制している。

③**トラバーサ**：試験器材を大型水槽内へ吊架するため、移動回転部を2台装備した走行台車と、移動回転部1台を装備した走行台車の計2台が大型水槽上端に設置されている。各移動回転部には最大2tの試験器材を取り付けることが可能。走行台車の走行（速度100m/s、精度：±30mm）ならびに移動回転部の横行（速度100m/s、精度：±30mm）、昇降（速度100m/s、精度：±10mm）および回転（速度360°/min、精度：±1°）により大型水槽内の任意の位置に高い位置精度で試験器材を吊架することができる。

④**水中位置計測装置**：UUV等の計測対象に反射マーカーを取り付けることにより、計測対象の位置、航跡、姿勢等の計測ができる。大型水槽内の縦25m×横20m×水深7mの範囲において±30mm以内の位置精度を有している。

⑤**浄水装置**：大型水槽の底面から吸引した水をろ過（ろ過精度：10μm以下）して水の汚れや雑菌を除去することで、水槽内の濁度を下げることができる。

(2) 「HILSシステム」の概要

「HILSシステム」は、任意の海洋環境条件や運用シナリオを設定することでシミュレーションによりUUVの試験評価を行える装置である。UUVのデジタルモデルを自由に作成し数値計算のみでシミュレーションを行うマセマティカルシミュレーションと実機UUVおよび、その各構成品を「HILSシステム」に連接するフィジカルシミュレーションの両方でUUVの試験評価をすることができ、研究開発における構想段階から実機の試験評価段階までの様々なシーンで活用できる装置構成となっている（**図2-31**）。

「HILSシステム」の各機能について以下に示す。

a **モデリング機能**：任務の異なる様々なUUVを評価できるように、UUVの形状や搭載構成品等についてのデジタルモデルを作成することができる。また搭載するセンサの信号処理やUUVの行動決定を行うための自律プログラ

無人航走体関連の先進技術

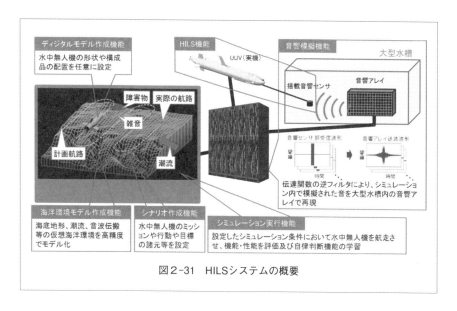

図2-31　HILSシステムの概要

ムも自由に設定できる。
b　**シミュレーション機能**：①でモデリングしたUUVをユーザーが任意に設定した仮想空間の海洋環境内で運用させることで、自律プログラム、搭載構成品の信号処理特性、運動特性等を評価することができる。デジタルモデルの一部を実機に置き換えてフィジカルシミュレーションを行うこともできる。
c　**音響模擬機能**：「水中音響計測装置」の大型水槽内に設置した実機UUVの音響センサを用いたフィジカルシミュレーションを実施するための機能であり、大型水槽内の伝達関数の逆フィルタを用いることで、壁面からの不要な音響反射が発生する大型水槽内でも海洋音響環境を再現することができる[2-45]。

さらに「HILSシステム」では、デジタルモデルのミドルウェアとしてロボットなどで用いられているROS2（Robot Operating System2）を採用しており、「HILSシステム」で評価した各種ソフトウェアが努めてそのままROS2を採用した実機UUVに搭載できるようにしている。これにより「HILSシステム」で評価した成果をそのまま実機UUVおよび実海面試験に置き換えるこ

とが可能となり（デジタルツインの実現）、研究開発の効率化を図っている（図2-32）。

(3) その他の設備

IMETSでは70t、4.9tおよび2.6tの3台の天井走行クレーンを装備するとともに、大型水槽に隣接して約45m×20mの広い作業スペースを有しており、試験準備や整備・調整作業において大型のUUVなどの器材を円滑に扱うことができる。

また大型のUUV等の器材を搬入・搬出するための、100tトレーラーまで乗り入れ可能な器材搬入スペースも有している（図2-33）。

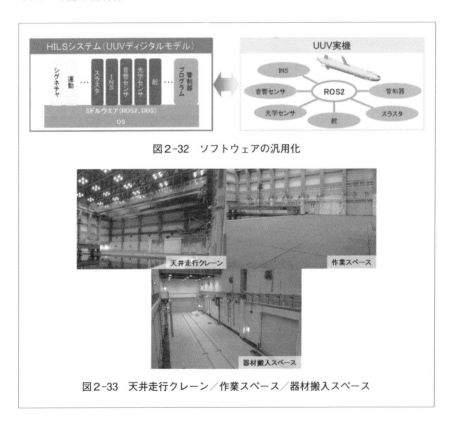

図2-32　ソフトウェアの汎用化

図2-33　天井走行クレーン／作業スペース／器材搬入スペース

3.3 民生分野でのIMETSの活用

　IMETSは通常の防衛省の研究施設の整備とは異なり、政府が進める地方創生の施策である「まち・ひと・しごと創生総合戦略[2-46]」の中の政府関係機関の地方移転の施策の一つとして整備を進めてきた。山口県・岩国市からの誘致を受けて、平成28年3月に決定された「政府関係機関移転基本方針[2-47]」において、防衛装備庁艦艇装備研究所がデュアルユース技術を活用した水中無人機などに必要となる試験評価施設を岩国市に整備する検討を進め、令和3年度以降の早い段階から順次運用することを目指すとした。その後、防衛省、山口県、岩国市の3者で協議会を設置するとともに、地方移転に関する年次プラン[2-48]を作成しており、その中で目指す将来像の一つとして「民生分野との研究協力や試験評価施設の活用による国内の水中無人機分野に関する技術の向上」を掲げている。

　これを受けIMETSでは民生分野での活用を推進していく一つの方策として、試験装置の仕様のオープン化を行っている。

　例えば前述したとおり「HILSシステム」では、ロボットなどで用いられているROS2をUUVデジタルモデルのミドルウェアに、通信規格としてFast-RTPS（Real Time Publish Subscribe）を適用するなど、標準的なアーキテクチャによりシステムを構築している。またソフトウェアについてもC++やMatlab等の汎用的なプログラム言語で作成できるようにしている。これらも含めた「HILSシステム」の仕様について、取扱説明書という形で一般にも公開し、これにより「HILSシステム」以外で作成された水中無人機やその構成品のデジタルモデル等各種ソフトウェアを容易にプラグイン可能とするなど、「HILSシステム」の活用を容易に行えるようにすることで民生分野での活用も目指すとともに、民生分野における様々な水中無人機に関するアイデアを今後のわれわれの研究開発に取り込んでいきたいと考えている。

　また「水中音響計測装置」については、大型水槽の大きさを活かし、まずは

水中無人機関連のイベント等に活用してもらうことで、その機能・性能のPRをしていき民生活用へつなげていきたいと考えている。

その他、令和元年10月には艦艇装備研究所に設置した有識者会議において、IMETSの民生分野での活用についての報告書[2-49]をまとめていただいた。現在、その提言を踏まえて検討を進めているところであり、特に研究協力等での民生分野でのIMETSの活用により、優れた民生技術の取り込みはもちろんのこと民生分野も含めた水中無人機に関する更なる技術進展に向けてIMETSが貢献していきたいと考えている。

IMETSでは、ゲーム・チェンジャーとしてのUUVの早期装備化に向けて研究を加速させている。それに加えて山口県および岩国市と積極的に連携しながら研究協力等を活用してIMETSの民生活用も推進していくことにより、「まち・ひと・しごと創生総合戦略」の目的である地方創生に寄与するとともに、関連する研究機関等との連携も進めることで、IMETSがわが国の水中無人機の研究拠点となるよう努めている。

(岡部　幸喜)

Chapter 3

第3章

艦艇ステルス関連の先進技術

1. 艦艇の音響ステルスおよび耐衝撃性から見た構造技術

1.1 音響ステルスと耐衝撃技術

　防衛装備庁艦艇装備研究所が扱う艦艇の構造に関わる研究分野の中で、長年取り組んでいるものに音響ステルス技術と耐衝撃技術がある。音響ステルス技術とは、艦艇の位置を相手から特定されないように艦内から発生する水中放射雑音を低減するための技術である（図3-1）。耐衝撃技術は艦外での機雷や魚雷等の水中爆発による衝撃を艦艇内の機器や乗員への影響を緩和するための技術である（図3-2）。

　まず、音響ステルスに関して、水中放射雑音の発生原因は大きく主機・補機等の機械振動が原因となって発生する機械雑音とプロペラのキャビテーションに代表される流体に起因する流体雑音に分けられる。機械雑音は流体雑音と比

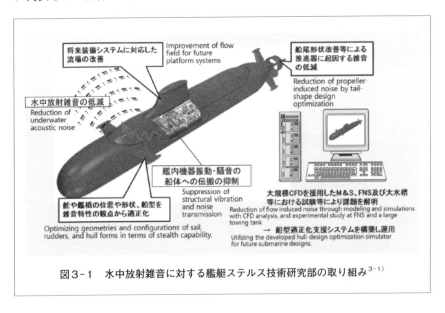

図3-1　水中放射雑音に対する艦艇ステルス技術研究部の取り組み[3-1]

較して艦艇が航走時に発生するだけではなく、停泊時にも発生するという特徴がある。ここでは音響ステルス技術のうち、同研究所艦艇・ステルス技術研究部構造研究室が主に扱う機械振動および騒音が原因となって発生する水中放射雑音(以下、機械雑音という)が研究の対象である。

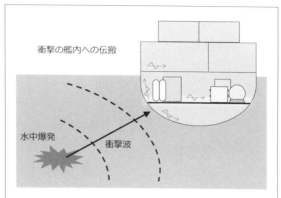

図3-2　水中爆発による衝撃波と衝撃の艦内への伝搬イメージ

次に、艦艇の耐衝撃技術に関して、ミサイル等の艦艇への直撃による破壊を防ぐための技術だけではなく、魚雷・機雷が艦艇の近くで爆発したときの衝撃を低減する技術が重要な研究テーマである。その理由は艦艇が大きな損傷に至らなくても、衝撃が艦内の構造を伝搬して乗員や機器に影響を与えられることで、艦艇はその機能が損なわれ、本来の任務を遂行できなくなるからである。艦艇にとってその構造は振動・衝撃に関して共に伝搬経路となるという点で、音響ステルスと艦艇の耐衝撃技術は共通している。本項ではこの二つの艦艇の構造に関わる技術の解説を行うとともに評価するために必要な試験設備について紹介する。

1.2　機械雑音の低減と予測

　機械雑音の低減は艦艇にとって重要なテーマの一つである。敵艦による探知を防ぐと共に自艦のソーナーなど音響機器への自己雑音を防止し探知能力の向上を図る意味でも重要である。海洋音響分野では海洋調査船等で音響に関わる特殊な機器においても自己雑音の低減は必要とされている。船舶の機械雑音に

関しては海洋生物への影響が問題視されており[3-2]、艦艇に限らず取り組むべき課題である。

　機械雑音の低減には発生原因となっている機器自体の振動を低減すること、機器から発生する振動を振動伝搬経路で低減すること、および艦外へ音として放出される接水面で振動を低減することに分けられる。

　機器自体の振動低減は、機器自体の振動を低減し機器と床面との間に防振のための防振ゴム等を設置することで機器による起振力の伝達を低減する対策が取られている。配管系など振動の伝搬経路および放射面となる接水面での振動低減に関しては防振管継手の設置や船殻に防振材等を貼付して振動を低減する対策が取られている。

　機械雑音は機械の振動が原因となって発生するが、同時に機械の発生する騒音が直接空中を伝搬し艦外への機械雑音となって放出される。前者を固体伝搬音、後者を空気伝搬音という。空気伝搬音に対しては騒音源となる艦内の機器を覆いで囲む等の防音処置を行うこと、また壁面に吸音材を貼付して音を吸収すること等の対策が取られている。

　艦艇は大型構造物であり、効果的な振動低減対策を行うため数値解析技術を使用した機械雑音の予測が行われる。振動予測計算には有限要素法、機械雑音の計算には境界要素法を使用する。有限要素法は艦艇等の構造物を小領域に分割し、構造物の剛性と質量の情報から起振力による振動応答を求める手法であり、艦艇に限らず自動車等の多くの構造物において振動予測に使用される。境界要素法は音の伝搬に関わる波動方程式を、境界条件と共にグリーンの公式により境界積分方程式に変換して数値的に解く手法であり、音響ホール等の建築物設計に使用されている。

　艦艇からの機械雑音を計算する際には、有限要素法で機器の振動による接水船殻外板の応答を計算し、その結果を境界要素法に入力として与え、海中へ放出される機械雑音を計算する。艦艇から放射される機械雑音は対象とする周波数範囲が広いため、振動を予測する際には有限要素法だけではなく統計的エネルギー解析法を併用する。

統計的エネルギー解析法は、有限要素法と比較して高周波数領域の振動計算に使用される汎用的な手法の一つである。統計的エネルギー解析法では艦艇の床や壁面の単位で伝搬する振動をエネルギーとして取扱い、構造物全体のエネルギーに関する平衡状態を仮定して床面、壁面等の平均的な振動を求める。有限要素法は予測する対象とする周波数領域が高くなるにしたがって計算量が増大し、実質的に計算が不可能となるため、中周波数領域や高周波数領域での振動予測には、有限要素法の代わりに統計的エネルギー解析法を使用する。

数値解析を使用して振動や音の予測を行うためには対象とする構造物の形状や質量に関する情報だけでなく、材料や構造に基づく減衰の値を取得する必要がある。この減衰の値については、多くの場合、減衰量を実験で求めている。この減衰の値は個々の構造物で求めることが必要となる。減衰のほかには接水船殻面で振動エネルギーから水中放射雑音エネルギーに変換する際の音響放射効率も同様に構造物毎に取得する必要がある。

1.3　機械雑音の評価

先に述べたように効率的に防振対策を行うには数値解析を実施することが必要である。特に船舶のように水面と接する船体外板の振動は接水による影響があり、地上での振動とは応答が異なる。具体的には構造物の特徴を示す共振周波数が低周波数領域に移動する。こうした接水による構造物への影響を、地上における構造物との振動現象の違いとして、確認することが必要である。

地上および海面への接水状態の構造物に対してその振動予測のための数値解析を実行するためには振動の減衰量に関わるデータを実験結果から取得する必要がある。こうして得られた機械雑音の予測結果に対してその精度を検証することが必要である。実海面での音響計測は海中の背景雑音を一緒に計測してしまうため正確な機械雑音を評価することが困難である。そこで、構造研究室では機械雑音を評価し、数値解析に必要なデータを取得するための試験設備として無響水槽を保有している。

無響水槽は音響楔と呼ばれる音の反射を極力抑える材料や仕組みを使って仮想的に無限の広がりを持つ空間で機械雑音を計測できる水槽である。一般に、音響分野では空気伝搬音を計測するために無響室と呼ばれる試験設備がある。無響水槽は、無響室における空気伝搬音を計測することと同じように構造物から放射される水中音響を正しく評価する試験設備である（図3-3）。

　構造研究室が保有する無響水槽は平成元年に目黒地区に設置されたものであり、大きさが縦、横7mで深さが4mの直方体の試験水槽である。この水槽は元々艦艇装備研究所の動揺水槽（縦64m、横12.5m、深さ4mのコンクリート製水槽）を利用したものであり、その中央部に位置する。壁面は厚さ6mmの1m四方の鋼板製のパネルで囲まれており、6面の壁面のうち5面は音響楔と呼ばれる吸音用の壁面となっている。

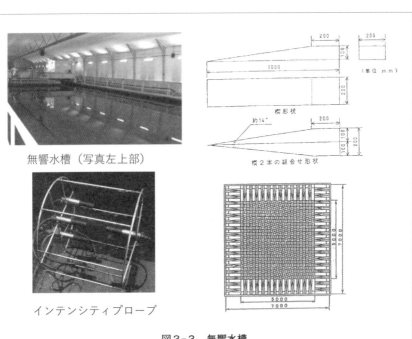

図3-3　無響水槽
〔左図　無響水槽の外観（写真）[3-3]、右図　吸音楔と吸音楔設置の様子[3-4]〕

天井面は計測のため約5m四方の開口部を設けている。音響楔は先端角約7°の半楔を組み合わせた形状である。低周波数領域の機械雑音を計測するため音響楔の長さは通常よりも長く1mである。性能を検証した結果、音の減衰（距離減衰）を確認できており、1kHz以上の周波数領域では水中音の反射がない自由音場が再現できている。

　水中音の計測はハイドロホン（水中マイクロホン）を使用して音圧を測る。また複数のハイドロホンを組み合せてインテンシティプローブとして同時に音圧を計測し、単位面積あたりの音響放射エネルギー、即ち音響インテンシティを求めることができる。音響インテンシティは方向を持つ3次元データであり、機械雑音の放射方向を把握することができるため、船殻の音源位置を調べるために使用する。また構造物を囲うように音響インテンシティを計測することで、放射エネルギーの全体量を求めることができる。

　船殻外板の振動エネルギーを音響放射エネルギーと比較することで音響放射効率を求めることができる。無響水槽において構造物を模した供試体から発生する音を計測した例を図3-4に示す。

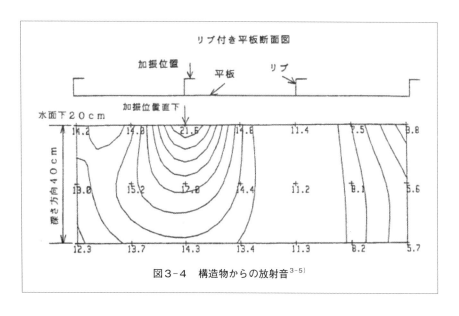

図3-4　構造物からの放射音[3-5]

無響水槽では数値解析による船舶を模擬した供試体の機械雑音予測の精度を検証すると共に、数値解析でデータとして必要になる音響放射率を継続的に取得している。今後、複合材料をはじめとして多種多様な材料を艦艇に使用することが想定されるため、接水の影響による振動の減衰量および音響放射効率を継続的に取得していく必要がある。

1.4 水中爆発による衝撃

艦艇にとって、ミサイルによる空中での爆発は脅威であるが、魚雷、機雷の水中爆発についても同様に脅威の一つである。魚雷等が直撃することがなくても、近接距離において水中爆発が発生する場合は大きな衝撃波を発生させるため、破壊に至らなくても艦内の乗員および搭載機器に大きな影響を与える。船体構造に大きな損傷がない場合でも艦内の機器が故障、あるいは人員に負傷が生じれば艦艇は機能を停止し、任務を果たすことができないという問題が生じる。

水中爆発により発生する衝撃は仕組みが複雑であるため、水中で生じている物理現象を簡単に説明する。水中爆発は、まず大きな衝撃波が発生し、その後にバブルと呼ばれる大きな気泡が発生する。バブルは発生後、収縮と膨張を繰り返しながら水面に向かって上昇し、その過程で新たな圧力波を発生する。バブルは最終的に周囲の水圧により崩壊し、崩壊の際にバブルジェットと呼ばれる大きな水中圧力波を発生させる。典型的な水中爆発による圧力波の様子とその後のバブルの挙動を図3-5に示す。

水中爆発に対する艦内機器の耐衝撃性に関しては検証するための規格が定められている。米国の規格MIL-S-901Dによれば、艦艇等に搭載する機器の耐衝撃性を検証するための試験方法があり、機器の質量に応じて試験装置を使い分け耐衝撃性能を調べる。その後、バージに機器を格納した筐体を設置し試験池で水中爆発試験を実施して、機器損傷の有無を確認する。このバージ試験には試験条件が定められており、水中爆発に使用する火薬の薬量と位置を変えて複数回を試験を実施する。また米国では艦艇の就役前にFSST（Full Scale Ship

艦艇ステルス関連の先進技術

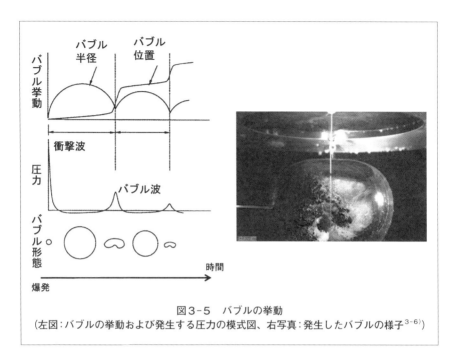

図3-5　バブルの挙動
（左図：バブルの挙動および発生する圧力の模式図、右写真：発生したバブルの様子[3-6]）

Trial）と呼ばれる実爆試験を実施して搭載機器や艦艇の耐衝撃性を検証する。

わが国においても搭載機器の耐衝撃性のための方法として、防衛省規格NDS F8005B[3-7]およびNDS C0110E[3-8]があり、それぞれ「艦船用高衝撃検査方法」および「電子機器の運用条件に対する試験方法」を定めている。

バブルおよびバブルジェットの挙動を実海面で観測することは困難であるため、試験池や観測窓の付いた試験水槽で水中爆発現象を調べている。その際、火薬を使うことなく電気的なエネルギーを利用する金属細線爆発による方法を利用して水中爆発現象を確認することができる。艦艇装備研究所では金属細線爆破装置を保有しており、これによりバブルおよびバブルジェットの挙動を調べている[3-9]。

水中爆発による艦内に設置した搭載機器への動的応答を予測することは、艦艇の耐衝撃性を効果的に向上させるために必要である。衝撃など動的な応答の予測には数値解析技術を使用する。振動予測と同様に衝撃に関する構造物の応

答予測に対しても有限要素法を使用することが多い。水中爆発による衝撃波の伝搬は、遠距離を仮定して水中音響と同様に境界要素法を用いて計算する。

一方、近距離での爆発を扱う際には流体をモデル化し、流体と構造を連成した解析を行っている。

1.5 機器の耐衝撃性評価

実海面を使用した実爆試験を行うためには、多くの費用と準備期間が必要となるため、構造研究室では陸上で同じ条件により繰り返し試験を行い、構造物および機器の耐衝撃性を評価するための試験装置を保有している。

この装置は水中爆発による衝撃波が接水船殻に伝わった後の衝撃伝搬およびその応答を検証するために使用する装置である。本装置は、ばねの圧縮によるエネルギーを使用して飛翔物（ヘッド）を試験テーブルに衝突させるものであり、その際の衝突による衝撃を利用する。水中爆発による波形はピーク加速度および衝撃波形の作用時間で特徴付けることができるため、本装置は飛翔体の飛翔距離や衝突面の緩衝材料を変更することで多様なピーク加速度と作用時間を持つ衝撃波形を作り出している（**図3-6**）。

艦艇においては伝搬する衝撃波を低減するための対策が取られており、重要な機器の下部にはショックアブソーバを設置することが多い。機器だけではなく重要な機器を設置した床面と衝撃波を伝える船殻との間で一括した衝撃緩和を行うこともある。

耐衝撃試験装置を用いてこうした衝撃緩和のための仕組みに関して性能を確認することができる。本装置は火薬を使用せず、また火薬を用いた試験と比較して試験結果の再現性が高いことからを同一条件での試験を繰り返し行うことができる。本装置を使用した耐衝撃試験の結果を反映させ、建造した最新の艦艇に対しても耐衝撃性能検証の基礎データを取得している。

電子機器の耐衝撃性については、耐衝撃性試験装置のほか、動的圧力発生装置、実艦または台船等を用いて行う爆発試験をNDS C0110Eに記載している。

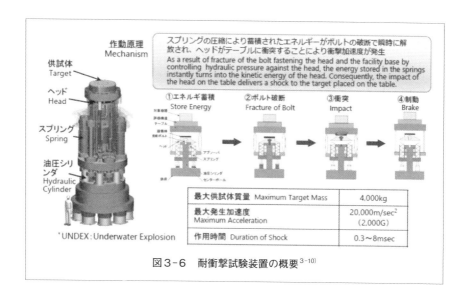

図3-6 耐衝撃試験装置の概要[3-10]

　以上、構造の観点から音響ステルスおよび艦艇の耐衝撃性の技術研究について、艦艇装備研究所が保有している試験装置の紹介とともに解説した。構造研究室ではこのほかに潜水艦の耐圧殻に使用する特殊な鋼材や複合材料といった構造材料に関する研究に取り組んできた。近年の材料分野ではマテリアルズインフォマティクスに関わる先進的な材料技術をはじめ、接合技術の進展が著しい。

　先に述べた機械雑音の低減および耐衝撃性能を付与した材料の技術研究を行い、今後の艦艇におけるマルチマテリアル化を目指して研究を進めたいと考えている。

　また材料技術とともに製造技術を取り込んだ付加製造技術（Additive Manufacturing）にも注目している。造形物の大きさの制約もあり製作した部材を艦艇材料として使用するためには適用先とともに多くの検討事項があると考えているが、構造研究室においても付加製造技術に関わるデータを取得すると共に造形物を構成する材料の特性についての調査を行っていく。こうした先端技術を、音響ステルス技術、耐衝撃技術のようなレガシーな研究テーマに組み合わせ、わが国艦艇の機能向上に貢献したいと考えている。

（岡本　慶雄）

2. 艦艇と魚雷の動力推進技術

2.1　艦艇等の動力推進技術

　周囲を海に囲まれたわが国にとって、海上および海中の優勢を維持すること
は重要課題である。この実現のために艦艇をはじめとする様々な装備品の研究
開発が行われている。これらの中には、民生技術を転用できるものもあれば、
機動性、隠密性などの要求の特殊性から独自に研究開発を行わなければならな
いものもある。また、わが国は西側には浅海域、東側には深海域があり、この
両方の海域に対応しなければならない特殊な事情から、諸外国とは異なる独自
の機能・性能を持つ装備品も多い。このため、動力推進技術についても民生技
術をベースとしたものから、わが国独自の進化を遂げたものまで、多種多様な
ものとなっている。

　本項では、国内外の艦艇、無人水中航走体および魚雷に関する動力推進技術
の現状と、一部ではあるが国内における取り組みについて紹介する。

2.2　動力推進技術の現状

⑴　水上艦

　水上艦が使用する動力推進技術は、艦種によりほぼ決まっており近年大きな
変化はない。護衛艦等の高速で機動性を求められる戦闘艦艇ではガスタービン
エンジンが使用されている。他のエンジンと比較して小型高出力で水中放射雑
音の原因となる振動が少ないことが特徴である。現在、世界で使用されている
艦艇の推進用ガスタービンエンジンは、米国のゼネラル・エレクトリック社およ
び英国のロールス・ロイス社の2社が製造しているものが多く、これらは航空
機用エンジンをベースとしガスタービンエンジンの前後に給排気ダクトを取り付

け、タービンを改修しターボシャフトエンジンとしたものである[3-11]。主なものとして、ゼネラル・エレクトリック社製は、ボーイング747ジャンボジェットのエンジンで使用されているCF6-50をベースとしたLM2500（25,000kW）[3-12]、ロールス・ロイス社製は英国海軍向けファントム戦闘機等に使用されているRB.168スペイをベースとした、マリーン・スペイSM1A（13,500kW）[3-13]等が挙げられる。

近年はこれらの後継型として、ゼネラル・エレクトリック社ではボーイング767で使用されているCF6-80をコアとしたLM6000[3-14]、ロールス・ロイス社ではボーイング777で使用されているトレント800をコアとしたマリーン・トレントMT30[3-15]が開発され、わが国では護衛艦「もがみ」型にMT30が採用されている[3-16]。

ガスタービンエンジンは小型・高出力ではあるが、中・低出力運転時は効率が低くなる傾向であるため様々な工夫がされている。多用されている方法（または手段や手法）の一つは複数のエンジンを組み合わせる方法で、高速用のガスタービンエンジンと低速用のガスタービンエンジンを組み合わせる（推進軸の出力に応じて運転台数を増減する方式を含む）COGAG（Combined Gas-turbine And Gas-turbine）、ガスタービンエンジンとディーゼルエンジンを組み合わせるCODOG（Combined Diesel Or Gas-turbine）/CODAG（Combined Diesel And Gas-turbine）が挙げられる。近年では、電気推進を併用する方式が増えつつあり、日本では護衛艦「あさひ」型[3-17]がCOGLAG（Combined Gas-turbine eLectric And Gas-turbine）方式を採用している。COGLAGは低速ではガスタービン発電機/電気推進を用いて航行し、高速ではガスタービンの機械推進を組み合わせるスプリットハイブリッド方式である。

現在、最も先進的と考えられている推進方式が統合電気推進で、搭載するエンジンはすべて発電機として使用し、電気推進のみで推進するシリーズハイブリッド方式である。従来の艦艇では、推進用のエンジンと艦内電力用の発電機用エンジンの2系統としていたが、推進用電力を発電用エンジンの1系統で統合的に供給することにより、既存の艦艇では得られない大きな電力を発生させ

ることができる。統合電気推進は、高出力化するレーダーおよびソーナーのほか、レールガン等の大電力を必要とする装備に必要な電力を効率的に供給することが可能となる。また、この方式は従来艦艇のようにエンジンをプロペラ推進軸の延長線上に配置する必要が無くなることから、艦内レイアウトの自由度が高く、ダメージコントロールの観点から優れていると言えよう。諸外国では米国の「ズムウォルト」級[3-18]や英国のType45型[3-19]等で使用されている。

　ディーゼルエンジンは、非常に熱効率に優れたエンジンとして重宝されており、非戦闘艦艇の多くはディーゼルエンジンを搭載している。特殊なディーゼルエンジンとしては、掃海艇用のエンジンが挙げられ、機雷に感応しないようアルミ合金やステンレス鋼などの非磁性材料を多用し、磁性材料の使用を局限したエンジンとなっている。

　燃料については、民生分野ではゼロエミッション化に向け、水素やアンモニアの利用に関する研究開発が進んでいるが、水素やアンモニアは従来燃料と比較して燃料供給システムが大きくなることや、水素には漏洩や脆性、アンモニアには腐食性や毒性等の解決すべき課題がある。また大量の水素もしくはアンモニアの供給が可能なサプライチェーンの構築も実用化に向けた課題であり、これらの解決が急がれるところである。

(2)　潜水艦

　潜水艦は原子炉を動力源とする原子力型と電池を動力源とする通常動力型に大別される。原子力型は原子炉で発生させた熱を利用して水を蒸気としタービンを回転させることで動力を得ている。タービンから得た動力は減速機を介してプロペラを回転させるが、動力で発電した電動機により推進する方式もある。原子力型の特徴は膨大なエネルギー量である。上述のとおり推進に使用する以外にも、海水を蒸留し真水を得られるほか、豊富な発電量で水を電気分解することで酸素を得られ、長期間にわたり潜航することが可能となる。一方で、原子炉を運転していることから冷却ポンプ等の水中放射雑音源があり、通常動力型と比較して静粛性には劣るというのが一般的ではあるが、最近では自然対流

により冷却[3-20] する等の対策が進み静粛性が高まっており、「原子力型潜水艦はうるさい」とは一概には言えなくなってきたようである。

　一方、通常動力型潜水艦は、基本的にディーゼル・エレクトリック（ディーゼル発電機と電動機の組み合わせ）方式が採用されている。海中では蓄電池と電動機で推進し、蓄電池の残量が低下すると、海面から空気を取り入れるためのスノーケル装置を出しディーゼル発電機により蓄電池に充電を行う。充電中は海面近傍にとどまることから敵に探知されやすいため、AIP（Air Independent Propulsion）システムを搭載し、通常動力潜水艦の水中航続能力を向上させる方式が一部で採用されている。発電方式により、いろいろなタイプのAIPシステムが提案、運用されており、代表的なものとしてスターリングエンジン、蒸気タービン、燃料電池の３方式が挙げられるが、いずれも出力は潜水艦の推進用電動機に必要な電力より低く、高速航行などの高出力が必要な運用では、蓄電池との併用が必要になる。

　またAIPシステムではないが、海上自衛隊では、水中航続能力向上のため蓄電池を従来の鉛蓄電池からリチウムイオン電池とした潜水艦を運用しており[3-21]、詳細については後述する。

(3)　無人水中航走体（UUV：Unmanned Underwater Vehicle）

　UUVは海中の探索や海洋観測を目的としており、静粛で低速・長時間の航続能力が求められる。このため、適しているのは電池・電動機であり、現時点で最も実用に適しているのはリチウムイオン電池を用いたシステムである。防衛装備庁艦艇装備研究所で研究している長期運用型UUVにもリチウムイオン電池を採用している[3-22]。リチウムイオン電池以外では、海洋研究開発機構（JAMSTEC：Japan Agency for Marine-Earth Science and Technology）において、燃料電池を搭載したUUVが開発されている。燃料電池は水素と酸素の反応を利用した電池で、主として水素タンク、酸素のタンク、燃料電池スタックから構成される。リチウムイオン電池は航走時間を２倍にするには電池を２倍搭載する必要があるが、燃料電池では水素および酸素タンクを２倍にすれば

よい。このため、両者のエネルギー密度を比較すると、短時間航走であればリチウムイオン電池、長時間航走であれば燃料電池が優位となる。リチウムイオン電池を搭載した「うらしま」[3-23]は、航続距離は100km以上の性能を有するが、この「うらしま」に燃料電池を搭載することにより、航続距離317kmを達成したことが発表されている。この他、米ボーイング社の「エコー・ボイジャー」[3-24]は、潜水艦と同様の動力装置であるディーゼル・エレクトリック方式を使用している。

(4) 魚雷

　魚雷は高速で回避行動する艦艇であっても追尾・命中する必要があることから、航走時間は比較的短いが高い速力が求められる。その動力源は運用する海域や目標により異なり、米国や英国のような大洋の原子力型潜水艦に対処する国では熱機関、英国以外の欧州のような沿岸の通常型潜水艦に対処する国では電池が用いられることが多い。

　魚雷の熱機関は運用上、大気中の酸素を使用することができないため、オットーフューエルⅡと呼ばれる、酸素を含んだ特殊な燃料を使用している。この燃料は所定の温度と圧力に達しない限り燃焼することはなく、酸素を自ら持ちながらも保管状態では安定している性状は、艦艇に長期間搭載される魚雷の燃料として適したものである。この燃料を使用する例として、ピストン方式の米国MK48魚雷[3-25]とタービン方式の英国スピアフィッシュが挙げられる。ピストン方式では一般的にピストンの運動でクランク軸を回転させることから、ピストンの運動方向と回転軸の方向は直角に配置されるが、魚雷では形状の制約があるため、ピストンの運動方向と回転軸の方向は平行に配置され、ピストンの往復運動を斜板で回転運動に変換している[3-26]。一方、英国のスピアフィッシュは、同様の燃料の燃焼ガスでガスタービンを駆動する構造としている。こちらは、ピストンの往復運動がないため、振動・騒音の面で有利と思われるが、タービン翼は連続して高温の燃焼ガスにさらされ続けるため、耐熱材料、耐熱構造に技術的な難易度が高いと考えられる。

これらのオットーフューエルⅡを使用するエンジンは排気ガスを海中に放出しなければならないため、航走深度によってエンジンの出力が変化し、航走深度が深いほど性能が低下する。このため米国では深海の原子力潜水艦をターゲットとしたMK50魚雷[3-27]が開発された。MK50魚雷のエンジン[3-28]は、SCEPS（Stored Chemical Energy Propulsion System）と呼ばれるリチウムと六フッ化硫黄の反応熱を利用して蒸気タービンを駆動する推進システムである。作動流体である蒸気・水はボイラー、タービン、凝縮器およびポンプを循環する閉サイクルシステムになっており、リチウムと六フッ化硫黄は密閉されたボイラーで反応し、反応後はすべて固体となるため、完全な閉鎖系の推進システムとなっている。しかし、MK50魚雷は高性能ではあるものの高価[3-29]であるため、後に米海軍は、MK50魚雷の誘導制御部と旧式のMK46魚雷の弾頭と推進部を組み合わせたMK54魚雷[3-30]を開発している。

わが国における魚雷技術の変遷を図3-7〜図3-9に示す[3-31]。1980〜1990年代にかけては、大洋の深深度を高速で航走する目標に対処するため、深深度に耐えられる雷体や魚雷の高速・長射

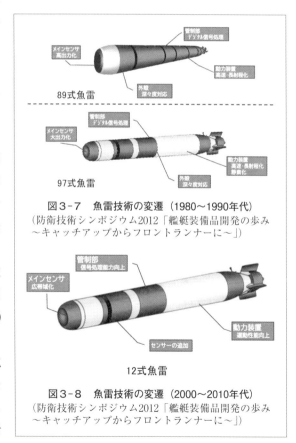

図3-7　魚雷技術の変遷（1980〜1990年代）
（防衛技術シンポジウム2012「艦艇装備品開発の歩み〜キャッチアップからフロントランナーに〜」）

図3-8　魚雷技術の変遷（2000〜2010年代）
（防衛技術シンポジウム2012「艦艇装備品開発の歩み〜キャッチアップからフロントランナーに〜」）

程化を実現するための動力装置の研究開発が行われた。2000年代以降は、目標の存在域が大陸棚等の浅海域にも広がったことから、探知の困難な浅海域に対処可能な音響センサや信号処理技術の研究開発が進められた。近年では魚雷から放射される雑音を低減することで、敵に魚雷攻撃の察知や回避行動の機会をなくし、命中率を上げる取り組みが行われている（**図3-10**）[3-32]。

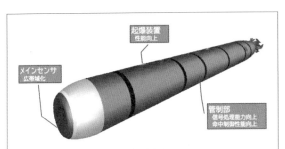

図3-9　魚雷技術の変遷（2010～2020年代）
（防衛技術シンポジウム2012「艦艇装備品開発の歩み
～キャッチアップからフロントランナーに～」）

魚雷において、電池電動機は熱機関と比較して出力密度およびエネルギー密度は劣るものの、静粛性の点で優れているため、残響の影響の大きい浅海域や静粛化され航走速度の遅いディーゼル潜水艦を対象とする欧州

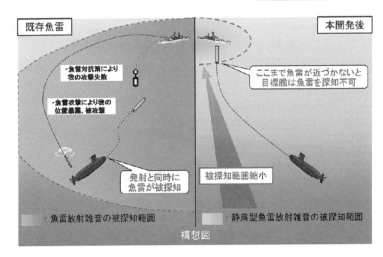

図3-10　魚雷放射雑音の低減
平成29年度政策評価書（事前の事業評価）「静粛型動力装置搭載魚雷」

諸国で採用されている。近年、電池技術に関しては、スマートフォン等の通信機器および電気自動車の普及に伴い、繰り返し使用可能な二次電池を中心として研究開発が盛んに実施されている状況である。しかし、魚雷という性質上、スマートフォンや電気自動車のような充放電の繰返しは必要なく、欧州諸国の魚雷で使用されている電池は一次電池であり、エネルギー密度や保存性に優れた酸化銀電池が使用されている。魚雷用電池としては、性能を重視した一次電池もしくはエネルギー密度等は高いが充放電可能回数の少ない二次電池といった、民生技術とは異なる技術の発展が期待されるところである。

2.3　動力推進技術に関連する取り組み

　最後に、公開されている情報の範囲に限られるが、動力推進技術に関連する取り組みとして、潜水艦を中心に紹介する。

　前項で紹介したとおり、わが国の潜水艦は通常型、すなわちエンジンで発電した電気を電池に貯め、その電気で電動機を運転して航走している。他国と異なるのは、令和2年3月に就役した「おうりゅう」からは、従来の鉛蓄電池に代えリチウムイオン電池を採用していることだ。リチウムイオン電池は鉛蓄電池と比較してエネルギー密度が高く、一般的な鉛蓄電池のエネルギー密度が約80Wh/Lのところ、リチウムイオン電池は約500Wh/Lと高い[3-33]。安全のため冷却装置等の補機が多くなり前述の比とはならないが、潜水艦の潜航能力の向上に寄与している。

　リチウムイオン電池の搭載により蓄電能力が向上することは、充電する電力量も大きくなることを意味する。従来のディーゼル発電機は鉛蓄電池を充電するために設計されており、蓄電能力が高いリチウムイオン電池を充電するには時間がかかる。そのため、空気を取り入れるためのスノーケル装置を長時間にわたり海面に出すことになってしまい、潜水艦の隠密性を損ねることになる。そこで、平成22年から新たな高出力ディーゼル発電機の開発[3-34]を行い、その成果は川崎12Ｖ25/31型として、潜水艦「たいげい」型の4番艦「らいげい」

に搭載され[3-35]、発電時間の短縮を図っている。

　小型高出力が期待されるリチウムイオン電池ではあるが、安全性については度々話題になってきた。リチウムイオン電池を使用している製品では、モバイルバッテリーから航空機搭載バッテリーに至るまで大小さまざまな発火事象が起きているが、これは高エネルギーを貯蔵可能な電池の内部に可燃物である揮発性有機電解質の存在するが故の宿命である。図3-11は民生分野におけるリチウムイオン電池の用途ごとの性能を模式化したものであるが、総エネルギーが高い電池ほど、冷却や類焼防止等の安全対策のためにエネルギー密度が低下する傾向にある。いかにも図中の曲線のような超えられない限界があるようだ。

　この限界線を越える技術として、最近では従来の揮発性有機電解質に代わり固体電解質を使用し、安全性を高めた全固体リチウムイオン電池の研究開発が盛んに行われている。全固体リチウムイオン電池の構造は図3-12のとおりである。

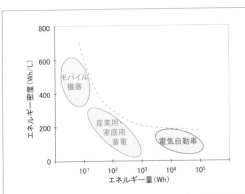

図3-11　リチウムイオン電池を使用する民生用機器のエネルギー量とエネルギー密度（筆者作成）

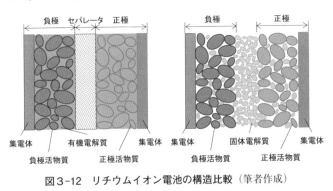

図3-12　リチウムイオン電池の構造比較　（筆者作成）

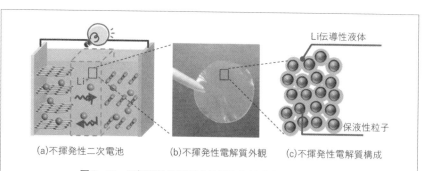

図3-13　不揮発性電解質を使用したリチウムイオン電池
(平成31年度防衛装備庁　安全保障技術研究推進制度　研究成果報告書　不揮発性高エネルギー密度二次電池の開発)

　従来の揮発性有機電解質とは異なり、電解質が固体であり揮発性が低いことから高温での使用が可能であるほか、電解質が揮発しにくいため電池の変形等により電極間の短絡が発生しても発火しにくい特性を有している。その一方で、電解質が固体であるために、固体電解質間や固体電解質と電極との接触面積をいかに確保するかが、電池性能向上のカギとなっている。例えば充放電により電極が膨張・収縮を起こした時に、固体電解質との接触面で割れが生じ電池の性能を低下させてしまう。このような課題が解決した時には、全固体リチウムイオン電池が席巻することとなるだろう。

　全固体化とは異なるアプローチとして、マクロでは固体、ミクロでは液体の機能を発現する不揮発性電解質を使用したリチウムイオン電池（図3-13）の研究[3-36], [3-37]も行われており、将来が期待されるところである。

　以上、艦艇、魚雷等の動力推進技術について概説した。潜水艦や魚雷といった水中で使用するビークルでは、大気中の酸素が使えないという当たり前だが難解な課題に対して、さまざまな取り組みが行われていることがお分かりいただけたであろうか。水中分野については機微な内容が多く公開されている情報が少ないため、詳細をお伝えできなかったことについてはご容赦いただきたい。

（島村　敏昭）

3. 艦艇の流体技術

3.1 艦艇流体技術とは

「艦艇流体技術」は、艦艇や各種航走体に関連する流体力学的な技術の総称である。艦艇においては、船舶の推進性能や操縦性といった船舶工学で基本的な技術のみならず、プロペラから発生する音など、音響的な技術も重要である。さらに広くは水上航走時の水陸両用車、着水する飛行艇、ポンプなど艦艇搭載の流体機器も含まれるため、艦艇流体技術に関連する技術分野は極めて広い。一方、艦艇流体技術が単独で特定の装備品を形作ることはなく、その面では地味な技術分野ともいえる。

技術分野の特性上、本項では特定の装備品に関する解説ではなく、その下支えとなる艦艇流体性能の予測評価技術について、艦艇装備研究所における近年の取り組みを中心に概説する。

3.2 艦艇装備研究所における研究動向

艦艇装備研究所では、国内最大級の船舶工学向け研究施設である大水槽（図3-14）やフローノイズシミュレータ（図3-15）を用いた水槽試験を軸として、艦艇の設計や各種研究を実施してきた[3-38], [3-39]。

一方、近年の計算機技術の発展により数値シミュレーションを用いた性能評価技術が進展してきたほか、水槽試験においても画像解析技術を含むデータ解析技術の進展を受け変化が速くなりつつある。そこで、以下では艦艇装備研究所で最近実施された研究のうち、大型計算機によるシミュレーション[3-40]と画像処理をベースとした計測[3-41], [3-42]を中心に紹介する。

図3-14 艦艇装備研究所大水槽

図3-15 艦艇装備研究所フローノイズシミュレータ

(1) 水中航走体周りの流れに関するCFD適用例

　潜水艦を含む水中航走体の操縦性能を把握する上で、船体前方に装備される潜舵やセイルなどの船体付加物から発生する渦が船尾の舵に与える影響を把握することが重要である。さらに、渦の挙動が音響的な雑音と関連している可能性もあるため、音響ステルスの観点からも重要な研究対象である。

　しかしながら、曳航水槽で従来から使用されているピトー管を用いた計測では、流れの中に挿入した計測プローブが渦の挙動を大きく変えてしまうため定量的な評価は極めて困難であった。そのため、艦艇装備研究所ではCFD（Computational Fluid Dynamics）による数値予測と、最新の画像処理により流れ場を計測する粒子画像流速計（Particle Image Velocimetry、以下「PIV」という）を用いた先端的な流速計測に関する研究を実施してきた。

　CFDは船舶の設計において既に広く用いられているが、非常に寸法の大きい船舶の場合、流れの支配方程式を直接解析することは事実上困難であり、いわゆる「乱流」のモデル化が不可欠である。CFDにおける乱流のモデル方法は多数存在し、流れの特性に応じて適切なモデルを選択することが極めて重要である。潜水艦や水中航走体から発生する渦については自動車や航空機と比較し研究例が少なく、豪州国防装備庁（Australian Defence Science and Technology Group、DSTG）との技術協力の一環として乱流のモデル化につい

図3-16　CFD解析の対象[3-40]（水槽試験状態の水中航走体模型供試体を支える2本のストラットを含んでいる）

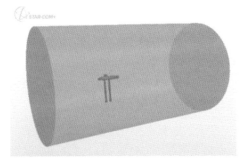

図3-17　計算領域と水中航走体周りの計算格子[3-40]

て検討を行い、水中航走体に最適な乱流のモデル手法を決定した。

以下では、水中航走体の標準船型であるBB2船型[3-43]について、船体付加物から発生する渦をCFD解析結果とPIV計測結果を比較した例を紹介する。

図3-16に、CFD解析の対象とした水槽試験状態での水中航走体を示す。水中航走体は2本のストラットを介し水槽の曳引（えいいん）車に固定されている。斜航状態を模擬するため水中航走体は流れ方向に対して右舷側に10度の迎え角が付いている。図3-17に計算領域と水中航走体まわりの計算格子を示す。計算領域は、事前計算の結果を考慮し船体から入口、出口、側面までの距離がそれぞれ船体中心から船体長さの3倍、5倍、2.2倍となるよう設定した。CFD解析では充分に細かい計算格子を使用する必要があり、計算格子の細かさを系統的に変えた事前計算を行い、計算格子をそれ以上細かくしても水中航走体に作用する抵抗の予測値の変化が

1％以下に収束することを確認したうえで、図3-17に示す計算格子を採用した。計算格子の要素数は約6,350万である。さらに、図は省略するが計算の過程において渦近傍では格子解像度を約2倍に増加させて計算精度の向上を図った。

計算の妥当性を検討するため、水中航走体左舷側表面の圧力分布を模型試験結果（実測値）と比較した結果を図3-18に示す。水槽試験は艦艇装備研究所大水槽で実施し、ひずみゲージ式圧力変換器を用いて計測

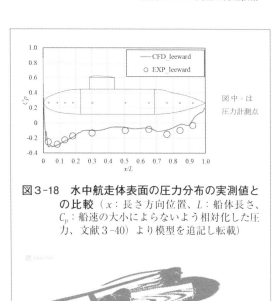

図3-18 水中航走体表面の圧力分布の実測値との比較（x：長さ方向位置、L：船体長さ、C_p：船速の大小によらないよう相対化した圧力、文献3-40）より模型を追記し転載）

図3-19 水中航走体周りの渦パターン[3-40]

している。船尾付近でやや乖離が大きいものの、計算結果と実験結果の差は最大で約10.0％であり、比較的よく一致している。

図3-19にCFD解析で得られる渦パターンを可視化した結果を示す。図の濃い色の部分の領域が渦の性質をもった流体に対応する。図より、船体前部の付加物および潜舵から生じた翼端渦が、船尾まで渦構造を維持して船尾舵上方に達していることが明らかである。一方、支持ストラットの後流も船尾舵周辺の流れ場に影響を与えているものの、渦構造は不明瞭であり模型支持法による擾乱の影響は限定的である。これらの観察は模型試験では極めて困難であり、CFD解析で初めて明らかにされた知見である。

CFD解析は、単に艦艇性能の予測に留まらず、船型の適正化を進める強力な手段となりえる。艦艇装備研究所ではCFD計算で得られたデータベースか

ら、運用要求に対して適正な船型を提示する船型適正化支援ツールを運用し始めており、次期艦艇の設計に活用している。将来的には、構造解析プログラムと組み合わせた総合的な適正化ツールの実現が期待される。

(2) 粒子画像流速計（PIV）を用いた水中航走体周りの流れ計測

前述の通り、従来から水槽試験で使用されたピトー管による計測では船体周りの流れの細部を捉えることは難しい。流体雑音の観点からは船体周りに発生する渦の挙動を明らかにすることは極めて重要であり、CFD解析の妥当性検証の観点からも流場データが不可欠であることから、艦艇装備研究所大水槽にPIVを導入した。PIVは、レーザーの発光間隔とCCDカメラを同期させることで、流体中のトレーサー粒子の画像を微小な時間間隔で撮影し、画像処理により粒子の変位量を求め、流速を算出する手法である。PIVは流れを点ではなく面で捉えるため、従来の計測手法では把握できなかった情報が得られることが期待される。

PIVは1990年代からコンピュータの性能向上を受けて急激に実用化された計測手法であり、現在では幅広い分野で一般的に用いられている。しかしながら、艦艇装備研究所の大型水槽施設での使用はレーザー光の水中での減衰、トレーサー粒子散布量など固有の課題を考慮する必要がある。特に、水中航走体周りの計測においては、季節による深さ方向の水温分布がトレーサー粒子の分布に影響を与えることが明らかになり、固有のノウハウを構築する必要があった。

図3-20に水中航走体周りの流場をPIVで計測している状況を示す。模型は前項のCFD計算で使用したBB2船

図3-20　水中航走体自走模型の外観

型の模型である。大水槽用PIVシステムは、カメラとレーザーを流線形状の筐体に内蔵した構造となっており、図3-20はBB2模型船尾部をPIVシステムから射出されたレーザー光が可視化している様子を捉えている。

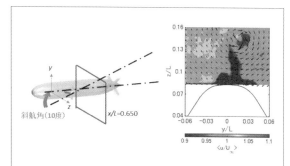

図3-21　PIV計測と結果の例（図中Lは模型長さ、x、y、zは模型進行方向、上下方向、左右方向位置、左図は計測位置を示す。計測は船先端から船長に対し65%位置で実施。U∞は模型の速度、右図の濃淡は模型進行方向の流速uに対応）

　図3-21に計測結果の例を示す。図3-19と同様に、模型は進行方向に対して10度の斜航角を持って航走している。図にはセールから発生する渦が明瞭に示されている。このような渦は従来手法では計測困難であり、PIVが極めて有用であることが実証されたと考えている。

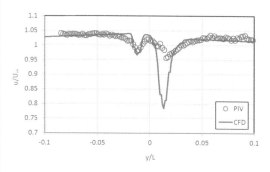

図3-22　PIV計測結果とCFD解析結果の比較

　図3-22に、PIV計測結果とCFD解析結果の比較を示す。ここでは図3-21と同じ位置における模型進行方向の流速を比較している。定性的な傾向はよく一致しているものの、PIV計測結果と比較し、CFD解析ではy/L＝0.01付近の速度の落ち込みを過大に評価している。今後、模型試験結果をもとにCFDの精度向上を図ることが期待される。逆に、CFDによりストラットなどの模型設置治具が計測に及ぼす影響を把握することで模型試験を補正することも期待され、水槽試験とCFDのどちらか片方に偏ることなく、融合して活用すること

が技術の方向性になると思われる。

(3) 水中モーションキャプチャを用いた水中航走体の運動計測

　潜水艦を含む水中航走体の操縦性、特に縦方向（深さ方向）の安定性に関する研究は、機動力確保の観点から極めて重要であり、世界各国で活発な研究が実施されている。艦艇装備研究所においても、1970年代半ばには、航走体の運動微係数を求めるための装置（Planer Motion Mechanism、以下「PMM」という）が他機関に先駆けて大水槽に導入され、操縦性能に関する貴重なデータを提供してきた[3-44]。

　より現実に近い状態で航走体の操縦性能を評価する手法として、自走試験模型を用いる方法がある。しかしながら、模型位置の計測に用いられる加速度センサ・ジャイロの精度や、模型姿勢の計測法が長年の課題であった。そのため、艦艇装備研究所では水中モーションキャプチャを水中航走体の位置・姿勢計測に適用する取り組みを実施中である。

　モーションキャプチャは、物体表面に取り付けられたマーカーを複数のカメラで追尾し、マーカー位置を分析することで物体の運動を計測する光学的なシステムである。水中においても、水泳選手の運動解析に使われているが、艦艇模型の運動計測への適用に際しては計測範囲が広く、計測対象である船体をカメラで取り囲むことが難しいといった課題がある。

　艦艇装備研究所の大水槽で使用しているモーションキャプチャ用水中カメラを図3-23に示す。この水中カメラはカメラ本体の周りを多数の青色LED光源が取り囲む構造であり、撮影と照明両方の機能を有する。図3-24に大水槽におけ

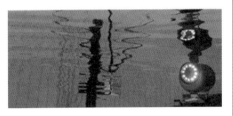

図3-23　水中モーションキャプチャ用カメラ
（Qualisys社）

艦艇ステルス関連の先進技術

るカメラ配置の一例を示す。この例は長さ32mの範囲で水中航走体の運動を計測することを意図した配置であり、左右に7台ずつのカメラが配置されている。

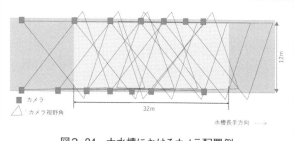

図3-24 大水槽におけるカメラ配置例
（各カメラから出る線はカメラ画角の両端に対応）

水中航走体の位置と姿勢は、水中航走体模型に固定したマーカー（図3-25）からの反射光をカメラで撮影した画像から専用ソフトウェアを用いて算出する。位置計測では、計測領域全体がいずれか複数のカメラの視野に入っている必要がある。そのため、カメラ配置の検討にあたっては3次元CADを援用した事前検討を行った。

図3-25 模型表面に付けられたマーカー

図3-26にジグザグ運動をする水中航走体模型の航跡を水中モーションキャプチャで計測した例を示す。各マーカーの軌跡を分析す

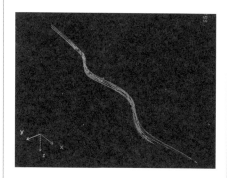

図3-26 水中モーションキャプチャで計測した水中航走体の航跡

ることで、水中航走体の位置だけでなく姿勢も時系列データとして計測可能である。自走模型に搭載できる規模のジャイロでは本試験に対応する計測が難しいため、図3-26の精度を検証する比較データが存在しないが、運動の目視観察から実用上最低限の精度は有しているものと推察している。本計測手法を用いることで、旋回運動なども計測可能であり、潜水艦の操縦性予測精度の向上

103

や斬新な形状を有する水中航走体の検討における活用が期待される。

　水中モーションキャプチャは原理的にはシンプルな計測手段であり、水上艦や潜水艦といった艦艇の運動計測に留まらず幅広い活用が期待される。艦艇と射出された水中武器や無人機の相互作用、曳航体の運動、潮流等外乱の下で位置をコントロールする水中航走体の運動など、既存のジャイロ等では計測が難しかった各種試験への適用が期待される。

3.3　今後の展望

　「艦艇流体技術」は、地味な分野であるが、海上プラットフォームの根幹に関わる技術である。長い歴史を持つ研究分野であるが、諸外国においても、より強い艦艇を実現するために類似の研究がたゆまなく進められている。特に、最近のシミュレーション技術の発達により、大水槽などの大型試験施設を擁しない国々でも、以前と比較して技術レベルが向上していくものと推察される。

　その中で、今後とも海上自衛隊艦艇の技術的優位性を確保していくためには、官民の大型試験施設が充実しているわが国の利点を今後も活かしていく必要がある。計算機が進歩してもシミュレーション技術の良否はシミュレーションにおけるモデル手法に依存する。モデル手法の改善には良質な実験データとの比較が必須であり、実艦データとの対応の観点において豊富な大型試験施設を複数擁するわが国は、少なくとも今時点では比較的優位な立場にある。

　今後とも現状に安住することなく、常に技術的優位性を確保できるよう技術動向と装備品ニーズにアンテナを張って研究に取り組む必要があると考える。

（毛利　隆之）

Chapter 4

第4章

水中磁気探知関連の先進技術

1. 水中磁気探知と磁気センサ

1.1 磁気探知と音響探知

　水中磁気探知技術について解説する。磁気探知に使われるセンサは当然磁気センサであり、「世の中に高感度をうたう磁気センサはたくさんあるから、予算に応じてなるべく高感度な磁気センサを用意すればいいだけでしょ？」といった単純な発想では語れない水中磁気探知の難しさやその理由、更には最近の磁気センサ技術についても述べる。

　空中での目標探知においては、ミサイルのシーカーで使われるセンサに代表されるように光波や電波を使うのが主流である。しかし海水中では光波や電波は減衰が大きく、目標探知には使えない。代わって海水中で主役となるのは音と磁気である。音は、光波や電波に比べると海水中での減衰が格段に小さく、空気中よりも海水中の方が伝搬速度は4～5倍速くなるといった特徴もある。ただし音は速度の低い方に曲がるという性質があり、深度によって音速は違うために海水中ではまっすぐに伝搬できない。また密度の違う媒質の境目、つまり海水面および海底で反射するという性質がある。このため、目標の位置を特定するのに使うには様々な工夫が必要となってくる。更に海水中での減衰が非常に小さいということは、遠くの音も聞こえるということになるため、波の音や生物から発生する音など様々な音が海の中では常に聞こえることになる。

　磁気は光波、電波に比べると海水中での減衰が小さいものの、距離の3乗に反比例するため音波ほど遠くへは届かない。このため海水中でまったく使えない物理量ではないものの、遠くの目標を探知することがあまり得意ではない。磁気の伝搬は媒質の透磁率に支配されるが、透磁率は大気中と海水中でほぼ同じであるために海面で反射することはない。そして最大の特徴は、海底によほど大きな鉄の塊が埋まっていてその近くで目標を探知するという希なケースを

除き、海水中には大きなノイズ源は存在しない。

まとめると、音は遠くの目標を見つけることができるがノイズ源も多い。磁気は近くの目標しか見つけられないがノイ

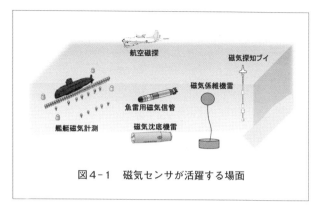

図4-1　磁気センサが活躍する場面

ズ源は少ないということになる。近くしか見つけられないのでは広い海では使えない！と思うかもしれないが、近くしか見えないことが有利に働く場面もある。例えば、起爆部のセンサとしては最適である。目標が遠いのに起爆しても危害を与えられないからだ。ということで、磁気センサは機雷のセンサや魚雷の近接信管として活躍してきた経緯がある。一方で、最近は高感度な磁気センサの開発も進み、音ほどの探知距離は望めないが、探知用として使われる場面も増えてきた。図4-1に磁気センサが防衛用途で活躍する場面の一例を示した。

1.2　地磁気

水中磁気探知に限らず磁気探知を難しくしているのは、まぎれもなく地磁気である。つまり、地磁気を理解しないと磁気探知の難しさは理解できない。そこで、まず地磁気について解説してみたい。

(1)　地磁気の発生源

地磁気の発生原因の詳細は、今なお結論づけられてはいないものの、地磁気の大部分は地球内部の外核といわれる部分で発生しているとの考え方が支配的である。外核の主成分は鉄であり、巨大な圧力と高温のため溶解状態になっている。地磁気はこの導電性の高い鉄の流体運動により生じる電流によって発生

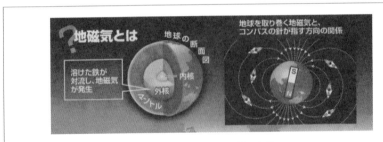

図4-2 地磁気の様子[4-1]

していると考えられている。図4-2に地球上に発生している地磁気の様子を示す。地磁気は南極付近から発生し、北極付近に吸い込まれていることから、観測する場所によって向きも大きさも変わる。

(2) 地磁気の大きさ

磁気の単位は古くはG（ガウス）、γ（ガンマ）、Oe（エルステッド）等が使われていたが、最近はMKSA単位系のT（テスラ）がほとんどの場面で使われており、現在はTを考えれば十分である。一方、磁気の大きさについてはピンとこない人がほとんどではないかと思う。多分、磁気の大きさの理解を難しくしているのは、磁気の大きさのイメージが浮かぶ人が、μ（マイクロ）、n（ナノ）、p（ピコ）、f（ファムト）といった桁の記号をころころ変えて語るからだと思われる。すべて同じ桁の記号を使えば、0の数だけで大きさのイメージができるので理解は易しくなる。そこで、ここではn（ナノ）だけを使うことにする。

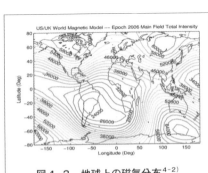

図4-3 地球上の磁気分布[4-2]

さて大きさだが、図4-3に世界の地磁気の分布を示した。極付近で60,000nT、中緯度地方で24,000nTくらいと場所によって大きさが違う。

図4-4に日本周辺の地磁気の分布を示した。東京付近の地磁気の大きさは約46,000nTである。この大きさを覚えておけば磁気の大きさを議論する上で、目安として便利である。46,000nTをイメージするために川崎市にある防衛装備庁艦艇装備研究所川崎支所（以下「川崎支所」と呼ぶ）で計測した中型（1,500CC）の自動車（図4-5）の磁気量の計測結果を図4-6に示した。この自動車の磁気量は1m離れた場所で40,000nT程度である。つまり、地磁気はかなり大きいということが理解できるだろう。

また、場所による地磁気の大きさの違いだが、図4-4を基に日本付近の地磁気の傾きを単純計算すると、例えば、佐渡島の地磁気は約48,600nTで、伊豆半島の地磁気は約47,000nTである。両地間の距離は約400kmだから、平均すると100m当たり約0.4nTだけ地磁気は変化することになる。

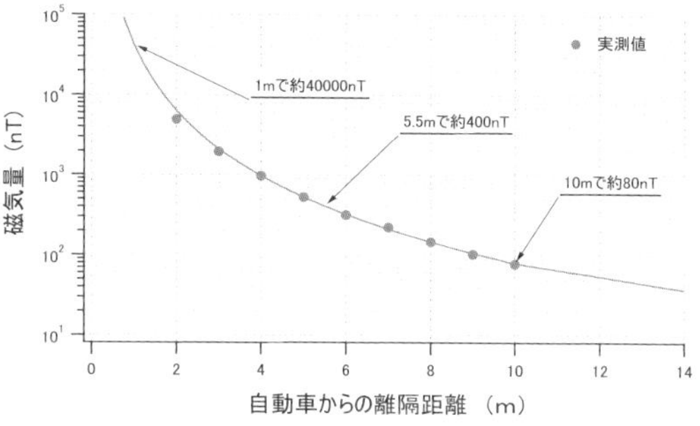

図4-4　日本周辺の磁気分布[4-3]

図4-5　計測した自動車

図4-6　自動車の磁気量

(3) 地磁気は揺れる

地磁気の発生原因は(1)で述べたとおりだが、割合は小さいものの地磁気の要

因として無視できない存在がある。それは太陽である。太陽は常に荷電粒子を放出しており、粒子の流れは常に地球に降り注がれていて、これは太陽風と呼ばれている。太陽風が地球周辺に形成されている磁気圏にぶつかることで、地磁気が揺れることとなる（図4-7）。特に太陽表面での爆発現象であるフレアは、大きく地磁気を揺らすこととなる。更に地球は自転しているので、ある地点を考えると、そこは常に太陽との距離が変動していることになる。これも地磁気が揺れる原因である。イメージとしては、地磁気の直流成分は地球内部から発生し、交流成分は太陽による影響と考えていいのではないかと思う。

地磁気を揺らす原因がもう一つある。人間活動に由来した都市ノイズだ。都市部には自動車が発生する磁気や電車から発生する磁気など、様々な磁気が飛び交っている。図4-8に川崎支所で計測した1時間の地磁気の動きを示す。磁気の大きさは約45,350nTだが、80nT程度揺れていることが分かる。図4-6に示した自動車の磁気量で考えると、80nTの揺れとは、自動車が10m離れた場所を常に通っているような状態が続いているということになる。地磁気の揺れが想像以上に大きいことが分かる。図4-9に防衛装備庁艦艇装備研究所目黒地区（以下「目黒地区」と呼ぶ）で計測した地磁気の計測結

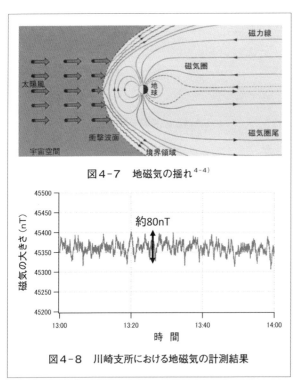

図4-7　地磁気の揺れ[4-4)]

図4-8　川崎支所における地磁気の計測結果

果を示す。揺れの幅は約400nTであり、川崎支所と比べると5倍程度の揺れになり、常に自動車が5m横を通っているような状況となる。続いて図4-10を見てほしい。これは同じく川崎支所で計測した24時間の地磁気の計測結果である。よく見ると深夜1:00頃から明け方4:30頃の間だけ磁気の揺れが収まっている。この時間は付近の電車が止まっている時間と一致しており、つまり電車が都市

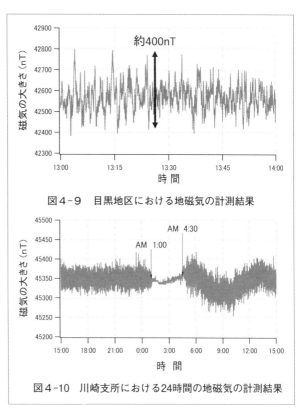

図4-9 目黒地区における地磁気の計測結果

図4-10 川崎支所における24時間の地磁気の計測結果

ノイズの主成分であることが分かる。余談になるが、川崎支所はなるべく電車の路線から遠い場所を選んだ立地となっている。つまり川崎支所の深夜のデータが太陽由来の磁気の揺れ、目黒地区の昼間のデータが都市ノイズの大きさの参考になると思う。いずれにせよここで、地磁気は数nT～数百nTのオーダーで揺れていることをご理解頂けたであろうか。

1.3 水中磁気探知技術

次に水中磁気探知について解説する。水中磁気探知は屋外で磁気を計測することになるため、結局は地磁気を計測し、これに重畳している目標の磁気量だ

けを見分けるという作業を行うことになる。もうお気づきと思うが、「地磁気」の節(2)で説明したように地磁気は非常に大きく日本周辺では約46,000nTであり、更にこれが揺れている。このことが磁気探知を著しく難しいものにしている原因である。

そこで、地磁気環境下で磁気を使って水中目標を探知するパッシブ方式の技術二つと、高周波磁気を使ったアクティブ方式の技術を一つ紹介する。

(1) 背景磁気補償技術

地磁気は図4-4に示したように、場所によって大きさが違う。しかし細かなことを言わなければ、比較的近い2点間の地磁気は同じとみなすことができる。次に太陽由来の揺れについてであるが、太陽から地球までの距離を考えればやはり比較的近い地球上の2地点間の場所は同じ揺れをしているとみて差し支えない。つまり、磁気センサを二つ置いて計測結果同士の引き算を行えば、地磁気の大きさや揺れはキャンセルしあうことになり、計測結果はゼロとなる。図4-11に川崎支所内で約1m離れた2地点で同じ時刻に地磁気を計測して引き算をした結果を示す。図4-8と比べれば一目瞭然だが、80nTあった揺れも5nT程度に収まっている。この手法は背景磁気補償技術と呼ばれているものである。

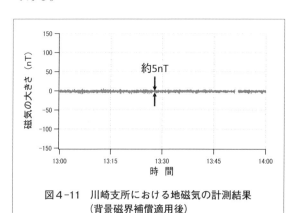

図4-11　川崎支所における地磁気の計測結果
　　　　（背景磁界補償適用後）

これで地磁気そのものや、揺れの影響を排除して磁気を計測できると思いたいが、厄介なことが二つある。都市ノイズについては太陽と比べるとその発生源が測定点から近傍にあるため、2点間の距離がかなり近くないとキャンセ

ルは成立しない。では近くにセンサを2個置いてキャンセルすれば良いと思うかもしれないが、そうすると、センサ間距離に比べて目標が遠くに位置する場合、目標の磁気信号もキャンセルされてしまう。図4-12で示すように、この方法は片方のセンサの近傍にある目標しか捕まえられない。逆に二つのセンサ間を広くすれば遠くの目標も見つけられるが、二つのセンサ間の距離に比例してノイズ量は増えていく。更に二つのセンサ間を広げるということは、有線または無線によるネットワークが必要となり、器材構成がどんどん複雑になっていく。また地質、つまり地中に存在する金属量の違い等の影響も多少受けることとなり、理想的には地下を含めた周辺環境が一定であることが求められるため、むやみに広げることはできない。参考までに図4-9で示した目黒地区での計測結果に背景磁気補償を適用した結果を図4-13に示す。揺れは20nT程度であり（川崎支所の4倍）、都市ノイズの

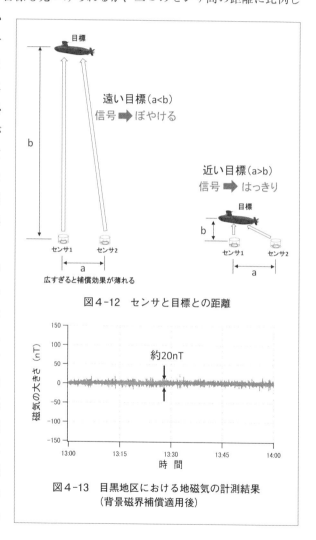

図4-12　センサと目標との距離

図4-13　目黒地区における地磁気の計測結果
（背景磁界補償適用後）

影響が大きい場所では効果が薄れていることが分かる。

　結論として、この手法を使っても達成できるノイズレベルは図4-11で示したように数nTであり、都市ノイズがかなり静かな地域に行ったとしても0.1nTもしくは0.01nTが限界なのではないかと考えられる。また、二つの磁気センサの感度差やセットノイズの影響も受けることを付け加えておく。

(2)　動揺磁気補正技術

　ここで説明するのは、航空磁探のように揺れる状態にある磁気センサの揺れがもたらすノイズ対策の技術である。磁気センサが揺れると、これは磁気ノイズとなって現れる。一般的な磁気センサには感度軸がある。コイルを使って説明すると、理想的な状態であればコイルはその断面を貫く磁気成分のみを感じる。しかしこれでは一方向の成分しか計測できないことになるため、情報量を多くするためにはそれと直交する他の2軸を加えて、計3軸を計測するのが一般的である。こうすればこれらを合成することでトータルの磁場も算出できる。しかし、XYZの軸は工作精度の限界までしか直交できず、完全に直交することは不可能である。そうなるとこのセンサが揺れた場合、例えば真反対に向いた場合、全く同じ値を示すことはなく、わずかな直交度のずれ差が計測のずれとして観測されてしまう。計測されるずれは、ほんのわずかと思いがちだが、元々の磁気量が46,000nTもあるわけだから、例えば0.1％のずれも単純計算で46nTとなってしまう。つまり、波や潮流の影響等でセンサが揺れると、観測データも揺れてしまうことになる。

　これをキャンセルする方法は単純で、90度からの角度のずれをあらかじめ計測しておき、その値で補正する。この手法は動揺補正技術と呼ばれている。ただこれは同一な場所を中心に揺れている場合であり、揺れながら動いてしまうと、動いた分がノイズとなって現れてしまう。

(3)　アクティブ磁気技術

　ここまでは磁気の直流成分を使った探知方式について述べてきたが、少し変

水中磁気探知関連の先進技術

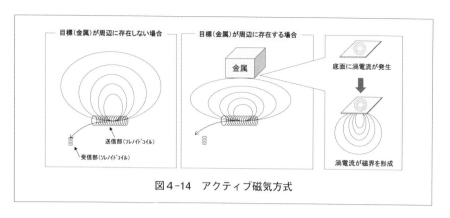

図4-14　アクティブ磁気方式

わった高周波磁気を使った探知方式であるアクティブ磁気方式を紹介する。この方式の特徴は、探知信号は対象物の磁気量ではなくて電気伝導度に依存することである。図4-14に作動原理を示す。磁気の送信部はソレノイドコイルであり、ここに高周波の電流を流す。すると周辺に高周波の磁気が形成される。磁気の受磁部もソレノイドコイルである。ここで、例えば上方に金属の目標がある場合は、金属と交錯する高周波磁気が金属の底面に渦電流を誘発する。そして渦電流は磁気を形成することとなるため、送信部が形成していた磁気は多少歪むことになる。このために、受信部に入り込む磁束の量も変化する。この変化量を受信部に誘起する電圧として取り出し、目標を探知する。

1.4　磁気センサ

　磁気センサの歴史は古く、長年にわたって研究がされている分野でもあることから、世の中に高感度をうたう磁気センサは数多くある。ここでは量子効果を利用した磁気センサに絞って3種類を紹介する。

(1)　SQUID

　SQUIDをご存知であろうか？　1970年代に実用化された磁気センサで、超伝導量子干渉計（Superconducting Quantum Interference Device）が正式名称

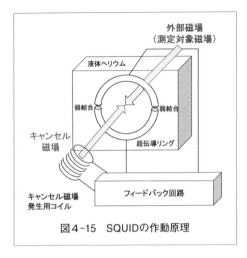

図4-15 SQUIDの作動原理

である。磁気に関係する研究用はもとより、身近なところでは医療用として脳磁計などでも使われている。脳に流れる電流が発生する磁気を計測するわけであるから、容易に想像がつくように非常に高感度な磁気センサである。実用化されているセンサとしては間違いなく最も高感度だ。超伝導現象を応用している関係で、常に液体ヘリウム（約-270℃）または液体窒素（約-200℃）といった冷媒で冷却する必要があるため、装置は必然的に大きくなるとともに運用コストが高く、運用性には難がある。液体窒素を使ったタイプは液体ヘリウムを使ったタイプより使用温度が高い分、運用性は向上するが、感度は劣ってしまうことにも注意が必要である。

図4-15にSQUIDの計測原理を示す。SQUIDはフィードバック回路によって、常に計測している磁気と同じ磁気をキャンセル用に発生させて、超伝導リングを貫く磁気量を一定に保つ必要がある。すなわちキャンセル用に発生させた磁気量をもって、計測結果とする。このためフィードバック回路の性能がSQUIDの性能に直結し、計測可能範囲や急激な変化に対する追随性が決まってくる。こういった事情のため回路構成も複雑になるとともに、計測可能範囲も狭く、屋外での使用には不向きであり、地磁気を遮断できる環境でのみ本当の性能が発揮できるセンサである。感度だけでいえば申し分ないが、常に冷却が必要なことも含めて、汎用に使われていないのはこの辺に理由があると考えられる。

(2) TMRセンサ

TMRセンサは、1994年に東北大学大学院工学研究科の宮崎照宜名誉教授に

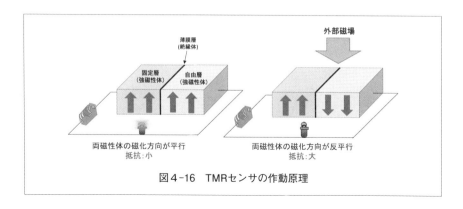

図4-16　TMRセンサの作動原理

よって発見された、室温におけるトンネル磁気抵抗効果を応用した量子磁気センサである[4-5]。現在も東北大学を中心に研究や応用が進められている。TMRはTunnel Magnetic Resistanceの略である。薄い絶縁層を強磁性体で挟み込んだ構造をしており、絶縁層を透過（トンネル）する電流量が磁気量に依存する、つまり抵抗が磁気量に依存するという原理を応用している。もう少し詳しく説明すると、強磁性体層はピン層とフリー層に区別され、ピン層の磁化の向きは固定で、フリー層の磁化の向きは外部磁気の影響を受ける。ここで二つの強磁性体層の磁化の向きが揃うと抵抗値は小さくなり、反対向きになると抵抗が大きくなる（図4-16）。TMRセンサは他の磁気抵抗効果を応用したセンサに比べて、磁気の状態によって抵抗値が変化する割合が桁違いに大きいということで注目されている。

TMRセンサを使った磁気計測方法はとても単純で、素子の抵抗を計測するだけである。このため、小型化や低消費電力化が期待でき、常温で作動することがこのセンサの特徴だ。また計測可能範囲と感度というのはトレードオフの関係にあるのが一般的だが、磁気抵抗効果を応用したセンサは計測可能範囲を保持したまま高感度化が進んでいるという歴史がある。このため改良が進めば地磁気をカバーする計測範囲を有しつつ、高感度化を保持できる可能性がある。TMRセンサは限られた範囲で実用化も行われているが、地磁気計測や防衛用途での実用化は、「地磁気をカバーする計測範囲を有しつつ高感度化を保持で

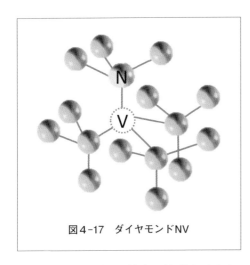

図4-17 ダイヤモンドNV

きる可能性」が立証できた後となるだろうか。

(3) ダイヤモンドNV

ネーミングが良く、量子の不確定さやもつれを利用する先端技術である。ダイヤモンドは炭素原子だけで構成されているが、図4-17に示すように、本来は炭素原子があるべき箇所に窒素原子（N）があり、その横の炭素原子が欠落していると磁気に敏感な性質を示すという現象を逆手にとって磁気センサに応用するというものである。ダイヤモンドNVのNは窒素置換を、Vは欠落（vacancy）を意味している。磁気センサとして実用化された例はないものの、実験室では磁気センサとしての作動が確認されている。どちらかというとまだ研究対象の感が強く、ある限られた条件での高感度達成を各国の研究者が競っており、制御系を含めた小型化や実用化にはまだあまり注力されていない。磁気に敏感な特性は確認されているので、今後は汎用磁気センサとしての感度の見極めや、使い勝手について期待が持たれている段階と考えている。こちらのセンサも常温で作動する。

(4) **防衛用途に使う磁気センサにとって大切なこと**

防衛用途で使用する磁気センサにどこまでの高感度が必要かというと、これは捉えたい磁気量次第ということになる。もう一度、図4-11を見ていただきたい。背景磁気補償技術を適用しても5nT程度の磁気量が残っている。この条件では、これより小さい信号は見つけられないということになる。つまり5nTよりも数桁高感度な磁気センサは宝の持ち腐れというわけだ。川崎支所内で磁気探知を実施するとして、図4-11のデータから磁気センサに求める感度

を考えると、ノイズ量より1桁低い0.5nTか2桁低い0.05nT程度と考えられる。0.5nTというと磁気センサとしては高感度だが、超高感度という領域ではない。医療用、物理学の研究用で使われている磁気センサは既に0.00001nT程度を達成しているからだ。

次にノイズは信号処理で低減できないかという発想に行きつくわけだが、先ほども触れたように、磁気探知は地磁気を計測しているような作業であるから、音響の世界と違って非常に周波数の低い、ほぼ直流信号が相手である。つまり情報量がとても少ないのである。このことが現状では信号処理による解決を著しく困難にしている。

これまで説明してきたような磁気探知を取り巻く都合から、防衛用途で汎用的に使う磁気センサにとって最も大切なことは、必要な感度を有していることに加えて以下の四つに整理できる。

① 運用性がよいこと
② 計測帯域が広いこと（地磁気が計測できること）
③ 低消費電力であること
④ 高価でないこと

① 運用性がよいこと

運用性は考え方次第だが、最終的に最も大切な事項と考えられる。起動に煩雑な手順が必要であるとか、故障率が高いとか、動揺や衝撃で作動がフリーズするとか、動けば最高だが動かすまでが大変なセンサは結局、実験室以外では使われない運命にある。それから、やはり小型であればあるほど用途は広がるし、軽量であればあるほど喜ばれる。磁気センサを研究開発するのであれば、運用性を無視してはいけないのである。

② 計測帯域が広いこと（地磁気が計測できること）

一般的にセンサの感度と計測帯域はトレードオフの関係にある。つまり、世の中の超高感度をうたう磁気センサは、地磁気が遮蔽された実験室で高感度を達成しているケースがほぼすべてである。つまり屋外では計測帯域が狭く使え

ないということになる。防衛用途に使うということは、使用場所は屋外だ。相手は地磁気であり、地磁気を計測できる計測帯域を持っていることは必須である。一方で、地磁気相当の磁気をフィードバック回路でセンサに逆印加し、強制的にゼロを作れば計測帯域が狭くても使えることになる。しかしこの手法を使うと装置は複雑化し、追随性能や様々な問題が起きてくる。だからこそセンサ自体の計測帯域が地磁気以上であることが重要なのである。

③ 低消費電力であること

これは陸から電力が供給できる場合は条件とならないが、今後の無人機による戦闘場面の増加や、人口減による無人監視の重要性が進むことを考えると低消費電力は魅力的である。陸から給電できる場面においても、複数台を長距離伝送するのであればやはり低消費電力は魅力的だ。

④ 高価でないこと

防衛装備品のセンサ選定において、金額を条件にすることに賛否両論あることは承知しているのだが、やはり安くないと装備化の機会は減る。研究開発した成果は使われてこそ報いられるのであり、このため高価でないことは大切なことかもしれない。

運用性が良いセンサは結局、作動原理が単純であることが多い。作動原理が単純ということは、センサ固有の計測帯域が何の工夫もなしに地磁気をカバーしていないと実現できない。また作動原理が単純ということは複雑な機構も要らないので、安くなり故障率も低くなるので低消費電力となる。低消費電力ということは、小型軽量につながる。小型軽量であれば運用性は良くなる。つまり、以上に挙げた条件はすべて同じことを指している。こうした磁気センサを開発していくことが重要であると考えられる。

1.5　機雷と磁気センサの相性

最後に少しだけ機雷について触れると、機雷に様々なセンサを取り付けて高機能化・高知能化を図ることも非常に大切だが、機雷は不思議な兵器であり、

高機能・高知能でなくて単純で古典的でも十分厄介であり、安価である。そして機雷の危害範囲はそんなには広くないわけだから、探知距離がほどほどの磁気センサは機雷に最適であると言える。また機雷を使用するには電池寿命の話は避けられないし、更に敷設という行為が必要である。となると運用性が高く、高価ではなくて、低消費電力の磁気センサは機雷と相性がよいと考えられるのである。

　言うまでもないが自衛隊の活動は、実験室ではなく屋外で実施される。ということは、磁気探知は地磁気と太陽風と都市ノイズとの戦いである。高感度の追求がすべてではない。

（奥野　博光）

＜参考文献＞

1-1） 我が国における海洋情報把握（MDA）の能力強化に向けた今後の取り組み方針、平成30年5月15日総合海洋政策本部決定、内閣府official Web site, https://www8.cao.go.jp/ocean/policies/mda/mad.html

1-2） D. Finch, "Comprehensive Undersea Domain Awareness: A Conceptual Model", pp.21-26, Canadian Naval Review, Vol. 7, No. 3, Fall. 2011.

1-3） 防衛装備庁の施設等機関の内部組織に関する訓令（防衛装備庁訓令第2号．平成27年10月1日）

1-4） 防衛装備庁　艦艇装備研究所パンフレット

1-5） 日本大百科全書、小学館

1-6） ブリタニカ国際大百科事典、ブリタニカ・ジャパン

1-7） 内嶋：海上自衛隊の対潜能力　その現状と将来、世界の艦船10月号増刊（2021.9）

1-8） 飯田耕司：戦闘の科学 軍事ORの理論 捜索理論、射爆理論、交戦理論、三恵社（2006）

1-9） F. Akbori, "Autonomous-Agent based Simulation of anti-Submarine Warfare Operations with the Goal of Protecting a High Value Unit", Master's Thesis in Naval Postgraduate school, Monterey, California（2004）

1-10） Nisi. T et al., "Actor-Centric for Linearly-Solvable Continuous MDP with Partially known Dynamics", arXiv（2017）

1-11） D. Keus et al., "Simulation of Operations in the Underwater Warfare Testbed (UWT)", NATO RTO Modeling and Simulation Group Symposium（2009.10）

1-12） ODIN：https://www.atlas-elektronik.com/splutions/submarine-systems/odin.html（アクセス日2022.9.20）

1-13） 石氏由梨佳：ロシア-ウクライナ戦争と黒海における民間船舶の航行、経団連タイムス、No. 3552（2022.7.14）

1-14） 防衛省規格　水中武器用語　NDS Y 0041、平成18年制定

1-15） 平成24年度政策評価書（事前の事業評価）、自律型水中航走式機雷探知機の開発、総務省

1-16） T. E. Floore, G. H. Gilman, "DESIGN AND CAPABILITIES OF AN ENHANCED NAVAL MINE WARFARE SIMULATION FRAMEWORK.", in Proceedings of the 2011 Winter Simulation Conference, pp.2612-2618（2011）

1-17） Department of the navy: Survivability policy and standards for surface ships and craft of the U. S. navy, OPNAVINST 9070.1B（2017）

1-18） 防衛省：我が国の防衛と予算（令和2年度概算要求の概要）（2020.8）

1-19） 赤司茂、"送受波器技術"、防衛技術ジャーナル、April 2013、26-35、（2013）.

1-20） 柴﨑忠幸、"光ファイバ受波器技術"、防衛技術ジャーナル、December 2018、30-38、（2018）.

1-21） 永田安彦、"ソーナー処理技術"、防衛技術ジャーナル、January 2019、48-53、（2019）.

1-22） 海洋音響学会編、海洋音響の基礎と応用、p.81、成山堂書店、（2017）.

1-23） 気象庁海洋研究所海洋研究部、"気象研究所共用海洋モデル（MRI. COM）解説"、

気象研究所技術報告、47、(2005).

1-24) http://www.jamstec.go.jp/frcgc/jcope/ (一時公開停止中)

1-25) https://dreams-c1.riam.kyushu-u.ac.jp/vwp/html/model_info.html

1-26) Ohta, et al., "Inversion for seabed geoacoustic properties in shallow water experiments", Acoust. Sci. & Tech., 26, 4, 326-337, (2005).

1-27) J. Bonnel, and N. R. Chapman, "Geoacoustic inversion in a dispersive waveguide using warping operators", J. Acoust. Soc. Am., 130, EL101-EL107, (2011).

1-28) Y. Fuji and M. Kamachi, A Reconstruction of Observed Profiles in the Sea East of Japan Using Vertical Coupled Temperature-Salinity EOF Modes, J. Oceanogr., Vol. 59, 173-186, (2003).

1-29) http://www.argo.net

1-30) 淡路敏之ほか、データ同化　観測・実験とモデルを融合するイノベーション、第3章および第4章、京都大学学術出版会、(2009).

1-31) http://www.data.jma.go.jp/gmd/kaiyou/data/db/kaikyo/etc/notice20201110/

1-32) https://fra-roms.fra.go.jp/fra-roms/index.html/

1-33) http://www.forecastocean.com/j/research.html

1-34) M. D. Collins et al., "A three-dimensional parabolic equation model that includes the effects of rough boundaries," J. Acoust. Soc. Am., 87, 1104-1109, (1990).

1-35) R. J. Urick, "Sound Propagation in the Sea", Peninsula Publishing, (1982)

1-36) D. J. Thomson, "Wide-angle parabolic equation solution to two range-dependent benchmark problems", J. Acoust. Soc. Am., 87(4), 1514, (1990).

1-37) F. B. Jensen et al., "Compultional Ocean Acoustics", Springer, (2000).

1-38) W. Munk"Sound channel in an exponentially stratified ocean with application to SOFAR", J. Acoust. Soc. Am., 55, 220-226, (1974).

1-39) Ferri et al., Mission Planning and Decision Support for Underwater Glider Networks: A Sampling on-Demand Approach, Sensors, 16, 28, (2016).

1-40) Y. Guo et al., Research Progress of Path Planning Methods for Autonomous Underwater Vehicle, Mathematical Problems in Engineering, Volume 2021, Article ID 8847863, (2021).

1-41) S. Shibata et al., "Restoration of Sea Surface Temperature Satellite Images Using a Partially Occluded Training Set", 24th International Conference on Pattern Recognition, 2771-2776, (2018).

1-42) 海洋音響学会編、"海洋音響用語辞典"、(海洋音響学会、1999)

1-43) 海洋音響学会編、"海洋音響の基礎と応用"、p.33、(成山堂書店、2004)

2-1) https://news.usni.org/wp-content/uploads/2016/03/18Feb16-Report-to-Congress-Autonomous-Undersea-Vehicle-Requirement-for-2025.pdf

2-2) "Unmanned Maritime Systems update"、https://www.navsea.navy.mil/Portals/103/Documents/Exhibits/SNA2019/UnmannedMaritimeSys-Small.pdf

2-3) https://brahmand.com/news/GD-completes-Knifefish-UUV-configuration-itemtest/11094/1/13.html

2-4）"Navy Large Unmanned Surface and Undersea Vehicle: Background and Issues for congress R45757", Congressional Research Service, updated December 21, 2022

2-5）"防衛装備品として国内初のUUV開発"、篠原研司、古川嘉男、北貴之、池尾允、第57回海中海底工学シンポジウム、2016, 4

2-6）"艦艇装備研究所における水中無人機への取り組みについて"、有澤治幸、防衛技術協会水中武器部会講演会、令和3年10月

2-7）https://www.navalnews.com/naval-news/2022/12/msubs-wins-uk-royal-navy-contract-for-cetus-xluuv/

2-8）https://www.navalnews.com/event-news/indo-pacific-2022/2022/05/anduril-and-australian-navy-to-partner-on-xluuv/

2-9）"Long Endurance / Multi-Role UUV"、DSEI2023（展示説明）

2-10）"長期運用型UUV用燃料電池発電システム"、防衛技術シンポジウム2019、ポスターセッション

2-11）https://newatlas.com/darpa-actuv-unmanned-sub-hunter/41842/

2-12）"我が国の防衛と予算　令和5年度予算概要"、防衛省、令和5年3月、https://www.mod.go.jp/j/budget/yosan_gaiyo/2023/yosan_20230328.pdf

2-13）"海洋における軍事活動の無人化—USV・UUVの自律能力の射程—"、神田英宣、防衛大学校紀要（社会科学分冊）、第115輯、平成29年、9月、http://nda-repository.nda.ac.jp/dspace/bitstream/11605/98/4/2-2.pdf

2-14）非防衛部門では、AUV（Autonomous Underwater Vehicle）とよぶことが多い。

2-15）https://www.navsea.navy.mil/Portals/103/Documents/Exhibits/SNA2019/UnmannedMaritimeSys-Small.pdf?ver=2019-01-15-165105-297

2-16）海中における電波利用の可能性〜水中通信〜、https://www.ituaj.jp/?page_id=11308、1 MHz〜60MHz程度の電波をターゲットにしている。

2-17）海中電波利用｜ワイヤレスネットワーク研究センター｜NICT、https://www2.nict.go.jp/wslab/pj_sea.html、10kHzから10MHzの周波数をターゲットとしている。

2-18）「水中でも無線通信が可能です」、開発した英WFS社に聞く、https://xtech.nikkei.com/dm/article/NEWS/20090216/165745/、100kHz〜200kHzの電波について調べられており、さらに高周波数化する可能性を述べている。

2-19）電波を使った無線通信を海中で試してみる、滝沢賢一、https://www.jstage.jst.go.jp/article/essfr/15/2/15_121/_pdf/-char/ja、1 MHz帯、10MHz帯をターゲットとしている。

2-20）海老原、小笠原、「海洋開発を支える水中音響通信」、https://www.jstage.jst.go.jp/article/jasj/72/8/72_471/_pdf

2-21）防衛装備庁技術シンポジウム2022の「電波の届かぬ海の中・音響通信の課題に挑む〜ドップラー効果の抑制技術〜」、https://www.mod.go.jp/atla/research/ats2022/index.html

2-22）志村拓也，Time Reversalによる海中音響通信https://www.jstage.jst.go.jp/article/jasj/75/1/75_17/_pdf

2-23）志村拓也，樹田行弘，出口充康，高速水中音響通信装置の研究開発〜しんかい6500

搭載画像伝送装置の開発〜、海と地球のシンポジウム2020、https://w3.jamstec.go.jp/mare3/j/development/member/pdf/sp06.pdf

2-24) 世界初、海中音響通信技術活用による1Mbps/300m 伝送を達成し完全遠隔無線制御型水中ドローンを実現 2022.11.1、https://group.ntt/jp/newsrelease/2022/11/01/221101a.html

2-25) 水中光無線通信装置、島津製作所、https://www.shimadzu.co.jp/products/enviro/mc500.html

2-26) 水中光通信、浜松ホトニクス、https://www.hamamatsu.com/jp/ja/applications/optical-communication/underwater-optical-communication.html

2-27) 水中光学通信モデム「BLUECOMM」、https://www.toyo.co.jp/kaiyo/products/detail/bluecomm

2-28) 世界初、トラッキング技術を活用した水中光無線通信によって狭隘空間を移動する水中ロボットのリアルタイム制御に成功、https://www.softbank.jp/corp/news/press/sbkk/2023/20230303_01/

2-29) 1Gbps×100m超高速海中光ワイヤレス通信に成功 ― 海中ワイヤレス通信技術のパラダイムシフトを目指して ― 、https://www.jamstec.go.jp/j/about/press_release/20220126_2/

2-30) 巻俊宏、AUV：自律型海中ロボット（＜特集＞「地球環境の変化を知る―技術はどのように貢献するか―」）、日本機械学会誌、121巻1199号、24-27（2018）、https://www.jstage.jst.go.jp/article/jsmemag/121/1199/121_24/_article/-char/ja

2-31) 【動画あり】東大がウミガメを自動追跡するロボット開発、https://newswitch.jp/p/18104

2-32) 複数の自律型海中ロボットの隊列制御による高効率な海底調査技術の実証試験について、https://www.jamstec.go.jp/j/about/press_release/20230203/

2-33) 戦略的イノベーション創造プログラム(SIP) 革新的深海資源調査技術 研究開発計画、https://www8.cao.go.jp/cstp/gaiyo/sip/keikaku2/12_shinkai.pdf

2-34) 防衛装備庁、「研究開発ビジョン解説資料 水中防衛の取組」、https://www.mod.go.jp/atla/soubiseisaku/vision/rd_vision_kaisetsuR0203_04.pdf

2-35) 国家安全保障戦略（令和4年12月16日）、https://www.mod.go.jp/j/policy/agenda/guideline/pdf/security_strategy.pdf

2-36) NEDO、「次世代洋上直流送電システム開発事業」（事後評価）（2015年度～2019年度5年間）、https://www.nedo.go.jp/content/100926009.pdf

2-37) 資源エネルギー庁、海底直流送電の導入に向けて 検討の進捗と机上FS調査の報告について（2022年4月22日）、https://www.meti.go.jp/shingikai/energy_environment/chokyori_kaitei/pdf/006_03_00.pdf

2-38) 国立研究開発法人防災科学技術研究所 地震津波火山ネットワークセンター、日本海溝海底地震津波観測網（S-net）の運用と現状、https://www.jishin.go.jp/main/seisaku/hokoku16g/k77-2.pdf

2-39) 海洋研究開発機構（JAMSTEC）、DONET 地震・津波観測監視システムの概要と連続リアルタイム海底地殻変動観測システムへの展望、https://www.jishin.go.jp/main/seisaku/hokoku16g/k77-3.pdf

2-40)【記者発表】ドローンが海中・海底探査の母船に？ ～ 高効率な海中・海底観測のための新しい海面基地としてのUAV ～、https://www.iis.u-tokyo.ac.jp/ja/news/3680/

2-41) Yokota, Y. 1, Matsuda, T., Underwater Communication Using UAVs to Realize High-Speed AUV Deployment, Remote Sens. 2021, 13(20), 4173, https://doi.org/10.3390/rs13204173

2-42) "研究開発ビジョン　多次元統合防衛力の実現とその先へ"、防衛省、2019年8月、https://www.mod.go.jp/atla/soubiseisaku/vision/rd_vision_full.pdf

2-43) "艦艇装備研究所における水中無人機への取り組みと岩国海洋環境試験評価サテライト（仮称）の整備について"、防衛技術シンポジウム2018、2018年12月.

2-44) "長期運用型UUVの早期実用化に向けて"、防衛技術シンポジウム2021、2021年12月.

2-45) "岩国海洋環境試験評価サテライト(仮称)の紹介"、海洋音響学会誌、2019年46巻4号.

2-46) "まち・ひと・しごと創生総合戦略"、閣議決定、平成26年12月27日、https://www.chisou.go.jp/sousei/mahishi_index.html

2-47) "政府関係機関移転基本方針"、まち・ひと・しごと創生本部決定、平成28年3月22日、https://www.chisou.go.jp/sousei/about/chihouiten/h28-03-22-kihonhoushin.pdf

2-48) "研究機関・研修機関等の地方移転に関する年次プラン"、まち・ひと・しごと創生本部、https://www.chisou.go.jp/sousei/about/chihouiten/h29-04-11-plan.pdf

2-49) "岩国海洋環境試験評価サテライト（仮称）有識者委員会報告書～我が国の水中無人機技術の向上に向けた試験評価施設の積極的活用方法への提言"、岩国海洋環境試験評価サテライト（仮称）有識者委員会、令和元年10月、https://www.mod.go.jp/atla/img/kansouken/hokokusho_201910.pdf

3-1) https://www-d.mod.go.jp/atla/img/kansouken/brochure_2021.pdf（2023-07-14閲覧）

3-2) 赤松友成、海洋音響の基礎と応用、20.4水棲生物音響、2004年、成山堂書店

3-3) 里見晴和、艦艇装備研究所今昔（上）Meguro Model Basinから90年、日本船舶海洋工学会誌 第98号、pp.33-36、2021.9

3-4) 堤厚博、音源を水面中央に設置した場合の無響水槽の音源特性について、海洋音響学会会誌、18巻第2号、pp.22-35、1991.4

3-5) 前掲3-4)

3-6) 深沢幸士郎、金属細線爆発方式による水中爆発試験、防衛技術ジャーナル、2013年12月号、pp.6-15

3-7) https://www.mod.go.jp/atla/nds/F/F8005B(1).pdf（2023-07-14閲覧）

3-8) https://www.mod.go.jp/atla/nds/C/C0110E.pdf（2023-07-14閲覧）

3-9) 前掲3-6)

3-10) 前掲3-1)

3-11) https://www.rolls-royce.com/~/media/Files/R/Rolls-Royce/documents/country/japan/rr-mt30-brochure-japaneese-7-06-2016-lr.pdf

3-12) https://www.ihi.co.jp/powersystems/lineup/LM2500/index.html

3-13) https://www.rolls-royce.com/~/media/Files/R/Rolls-Royce/documents/defence/VCOMB3425_Providing_Power_and_Propulsion.pdf

3-14) https://www.ihi.co.jp/powersystems/lineup/LM6000/index.html

3-15) https://www.rolls-royce.com/products-and-services/defence/naval/gas-turbines/mt30-marine-gas-turbine.aspx

3-16) https://www.rolls-royce.com/country-sites/japan/discover/2021/mighty-mt30-marine-gas-turbine-successfully-achieves-full-power-at-highest-rating-yet.aspx

3-17) https://www.mod.go.jp/msdf/equipment/ships/dd/asahi/

3-18) https://www.navsea.navy.mil/Portals/103/Documents/Exhibits/SNA2020/SNA2020-DDG1000-CaptKevinSmith.pdf?ver=2020-01-15-154400-763

3-19) https://www.gepowerconversion.com/case-study/type-45-destroyer-daring-class-worlds-first-full-electric-propulsion-combatant-ship

3-20) Christopher P. Carlson et al., China Maritime Report No.30: A Brief A Brief Technical History of PLAN Nuclear Submarines, CSMI China Maritime Reports, Aug 2023, p.21.

3-21) https://www.mod.go.jp/msdf/sbf/subordinate/s511.html

3-22) 熊沢達也、無人航走体連携技術、防衛技術ジャーナル2023年9月号、p.32.

3-23) http://www.jamstec.go.jp/j/about/equipment/ships/urashima.html

3-24) K. Coley, Echo Voyager: New Frontiers in Unmanned Technology, Marine Technology Reporter, May 2016, pp. 22-27.

3-25) http://www.navsea.navy.mil/Portals/103/Documents/NUWC_Newport/QRpage/MK48.pdf

3-26) The Office of Naval Research Request for Information, Torpedo Advanced Propulsion System, RFI Announcement N00014-16-RFI-0013, 2016.

3-27) United States Navy Fact File, MK 50 – Torpedo, 2016 (Last update).

3-28) R. K. Gottfredson, Advanced Concept for Lightweight Torpedo Propulsion, Naval Ocean Systems Center Technical Report 453, 1979.

3-29) https://fas.org/man/dod-101/sys/ship/weaps/mk-54.htm

3-30) Director, Operational Test and Evaluation FY 2017 Annual Report, Navy Programs MK 54 Light weight Torpedo and High-Altitude Anti-Submarine Warfare Capability (HAAWC), 2018.

3-31) 金子博文、艦艇装備品開発の歩み～キャッチアップからフロントランナーに～、防衛技術シンポジウム2012.

3-32) 平成29年度政策評価書（事前の事業評価）「静粛型動力装置搭載魚雷」、別紙.

3-33) 臼田昭司、リチウムイオン電池回路設計入門、p.9、日刊工業新聞社、2012.4.

3-34) 川崎重工業株式会社、つぎの未来へ川崎重工業株式会社百二十五年史、2022.6、p.181.

3-35) https://www.khi.co.jp/pressrelease/detail/20231017_2.html

3-36) https://www.hitachi.co.jp/rd/news/topics/2021/0323.html

3-37) 防衛装備庁、令和元年度採択大規模研究課題中間評価結果　船舶向け軽量不揮発性高エネルギー密度二次電池の開発.

3-38) 佐藤隆一：防衛庁技術研究本部第1研究所、日本造船学会誌、875巻、pp.676-682、(2003)

3-39) 三島茂徳：音響回流水槽、日本船舶海洋工学会誌、第4号、pp.10-14、(2006)

3-40) 宮内新喜ほか："水中航走体の翼端渦の数値解析における乱流モデルの影響"、令和元年度日本船舶海洋工学会秋季講演論文集　29、241-244、(2019)

3-41) 山田晃久ほか："曳航水槽用SPIVによる水中航走体まわりの翼端渦計測"、令和元年度日本船舶海洋工学会秋季講演論文集　29、237-240、(2019)

3-42) 防衛技術シンポジウム2023展示："大水槽の計測機能向上〜水中モーションキャプチャ〜"、https://www.mod.go.jp/atla/research/ats2023/pdf_exhi_pos/P-13.pdf (2023)

3-43) Joubert、P. N.、Some aspects of submarine design part 2 : shape of a submarine 2026、Defence Science and Technology、TR1920、Australia、2006.

3-44) 村上俊一、"細長型没水体の縦運動に関する研究（第3報　流力微係数の実験的および経験的推定法について）"日本船舶海洋工学会論文集、第7号、123-139、(2008)

4-1) 読売新聞　夕刊　2022年6月16日　p.5

4-2) https://www.researachgate.net/figure/The-geomagnetic-field-total-intensity-distribution-represented-by-the-isointensity_fig3_29806954

4-3) https://www.gsi.go.jp/common/000148084.pdf

4-4) https://www.kakioka-jma.go.jp/knowledge/mg_bd.html

4-5) https://www.spintronics.co.jp/about

好評発売中！

防衛技術選書 兵器と防衛技術シリーズⅢ（全4巻）

〈第1巻〉航空装備技術の最先端
　機体関連の先進技術／エンジン関連の先進技術／無人機関連の最新技術／誘導武器関連の最新技術

〈第2巻〉電子装備技術の最先端
　情報通信関連の先進技術／センシング関連の先進技術／電子戦関連の最新技術／高エネルギー関連の最新技術

〈第3巻〉陸上装備技術の最先端
　戦闘車両関連の先進技術／火器弾薬関連の先進技術／装甲防護関連の最新技術／施設器材関連の最新技術

〈第4巻〉艦艇装備技術の最先端
　海洋戦関連の先進技術／無人航走体関連の先進技術／艦艇ステルス関連の最新技術／水中磁気探知関連の最新技術

〈防衛技術選書〉兵器と防衛技術シリーズⅢ④
艦艇装備技術の最先端

2025年3月31日　初版　第1刷発行

編　者　　防衛技術ジャーナル編集部
発行所　　一般財団法人 防衛技術協会
　　　　　東京都文京区本郷3－23－14　ショウエイビル9F（〒113-0033）
　　　　　電　話　03－5941－7620
　　　　　FAX　03－5941－7651
　　　　　URL　http://www.defense-tech.or.jp
　　　　　E-mail　dt.journal@defense-tech.or.jp
印刷・製本　ヨシダ印刷株式会社

定価はカバーに表示してあります　　　　　　　Ⓒ2025（一財)防衛技術協会
ISBN 978-4-911276-12-9